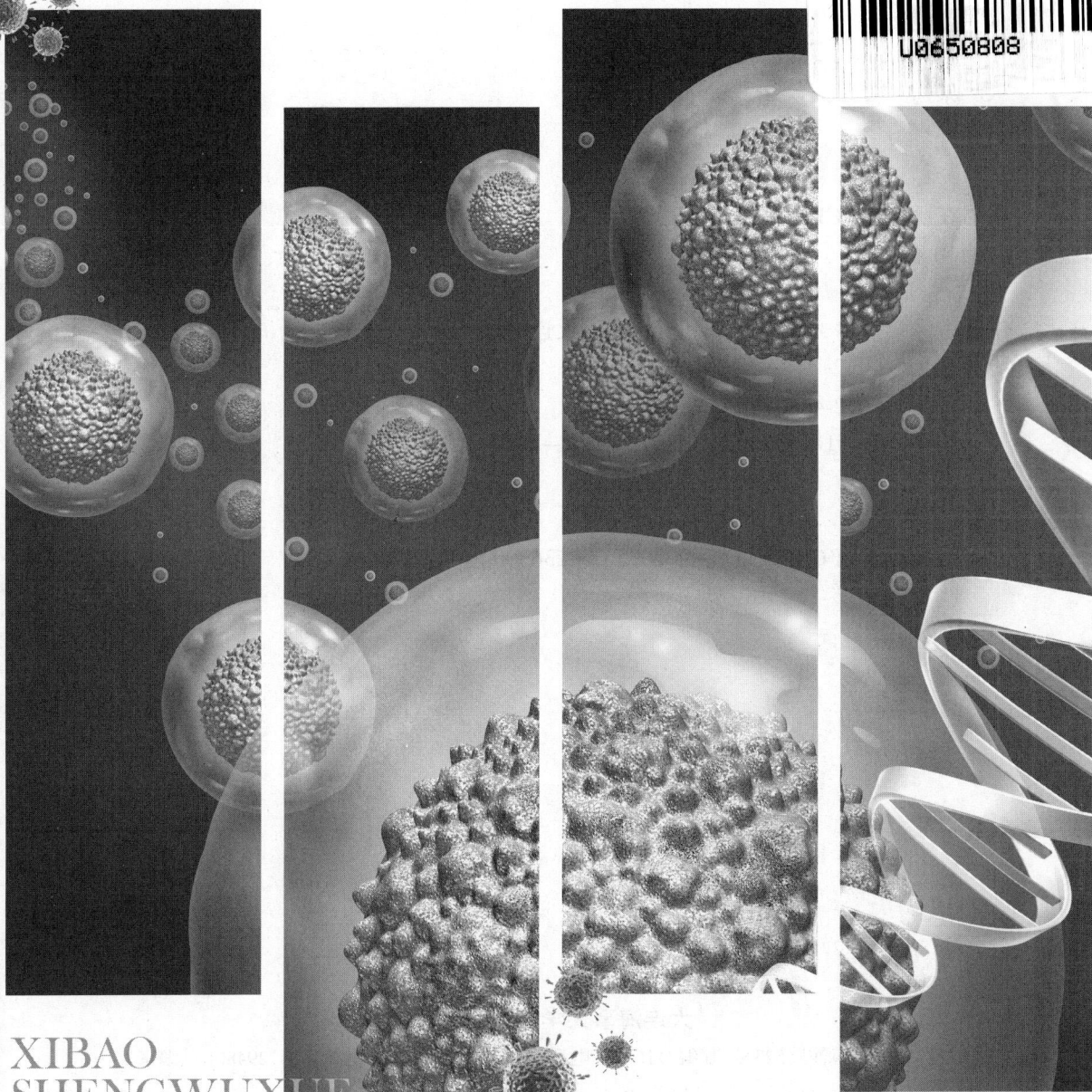

XIBAO
SHENGWUXUE
JISHU

细胞生物学技术

主　编 / 徐　丹
主　审 / 孙野青

大连海事大学出版社
DALIAN MARITIME UNIVERSITY PRESS

图书在版编目(CIP)数据

细胞生物学技术 / 徐丹主编. —大连：大连海事
大学出版社，2023.12
　　ISBN 978-7-5632-4486-7

　　Ⅰ. ①细… Ⅱ. ①徐… Ⅲ. ①细胞生物学—教材
Ⅳ. ①Q2

中国国家版本馆 CIP 数据核字(2023)第 236300 号

大连海事大学出版社出版

地址：大连市黄浦路523号　邮编：116026　电话：0411-84729665(营销部)　84729480(总编室)
http://press.dlmu.edu.cn　E-mail：dmupress@dlmu.edu.cn

大连金华光彩色印刷有限公司印装　　　　**大连海事大学出版社发行**

2023 年 12 月第 1 版　　　　　　　　　2023 年 12 月第 1 次印刷
幅面尺寸：184 mm×260 mm　　　　　　　　　　　　　印张：13.5
字数：322 千　　　　　　　　　　　　　　　　印数：1～500 册

出版人：刘明凯

责任编辑：席香吉　　　　　　　　　　　　　责任校对：王　琴
封面设计：解瑶瑶　　　　　　　　　　　　　版式设计：解瑶瑶

ISBN 978-7-5632-4486-7　　　定价：34.00 元

前　言

　　细胞生物学是研究细胞基本生命活动规律的科学,本书介绍了细胞生物学研究的主要技术与手段。本书编写内容由浅入深,既注重对从事细胞生物学研究新手的基础知识和实验技术培养,又介绍了近年来所发展的科学前沿和高新技术。

　　本书共分十章:第一章细胞基础知识;第二章显微技术;第三章细胞培养;第四章细胞生命现象的研究技术;第五章细胞内结构和组分分析技术;第六章细胞毒性分析方法与细胞模型的研究与应用;第七章细胞转染技术;第八章非编码 RNA 的研究技术;第九章常用实验技术;第十章细胞生物学实验设计。

　　本书系统地介绍了细胞生物学实验技术体系,可用作生物技术、生物学、细胞生物学等专业的基础课教材或研究生教材,也适合高等院校从事生命科学和生物学研究的研究生和科研工作者参考使用。

　　本书由大连海事大学徐丹教授主编,在编者讲授细胞生物学技术课程的基础上,结合十几年的教学实践和科研成果,并参阅了近年来相关资料编写完成。本书由大连海事大学孙野青教授担任主审,张博翔、江佳红、杨云慧、庞悦、王玉辉、丁啸林、刘泽明、李晴等研究生参与了资料查阅、图表绘制、文本校读等工作。在此书的编写过程中,大连医科大学的吕莉教授提出了建设性建议,大连海事大学出版社席香吉编辑也给与了悉心的支持和指导。在此,一并向各位致以衷心的感谢!

　　由于编者的知识水平和认识的有限,本书难免有错漏与不妥之处,敬请同行专家和广大读者批评指正!

徐　丹

2023 年 12 月

目　录

第一章
细胞基础知识

    细胞生物学是从细胞整体、超微结构和分子水平上研究细胞的结构和生命活动规律的科学。细胞是生命活动的基本单位，是生物体的基本结构和功能单位，是有机体生长与发育的基础，也是遗传的基本单位。不同种类的细胞存在结构的相似性，包括都具有选择透性的膜结构、遗传物质、核糖体。在功能上，细胞能够进行自我增殖和遗传，新陈代谢，具有运动性。本章主要介绍细胞的发现历程、细胞的形状和种类、细胞的结构和功能以及细胞工程。

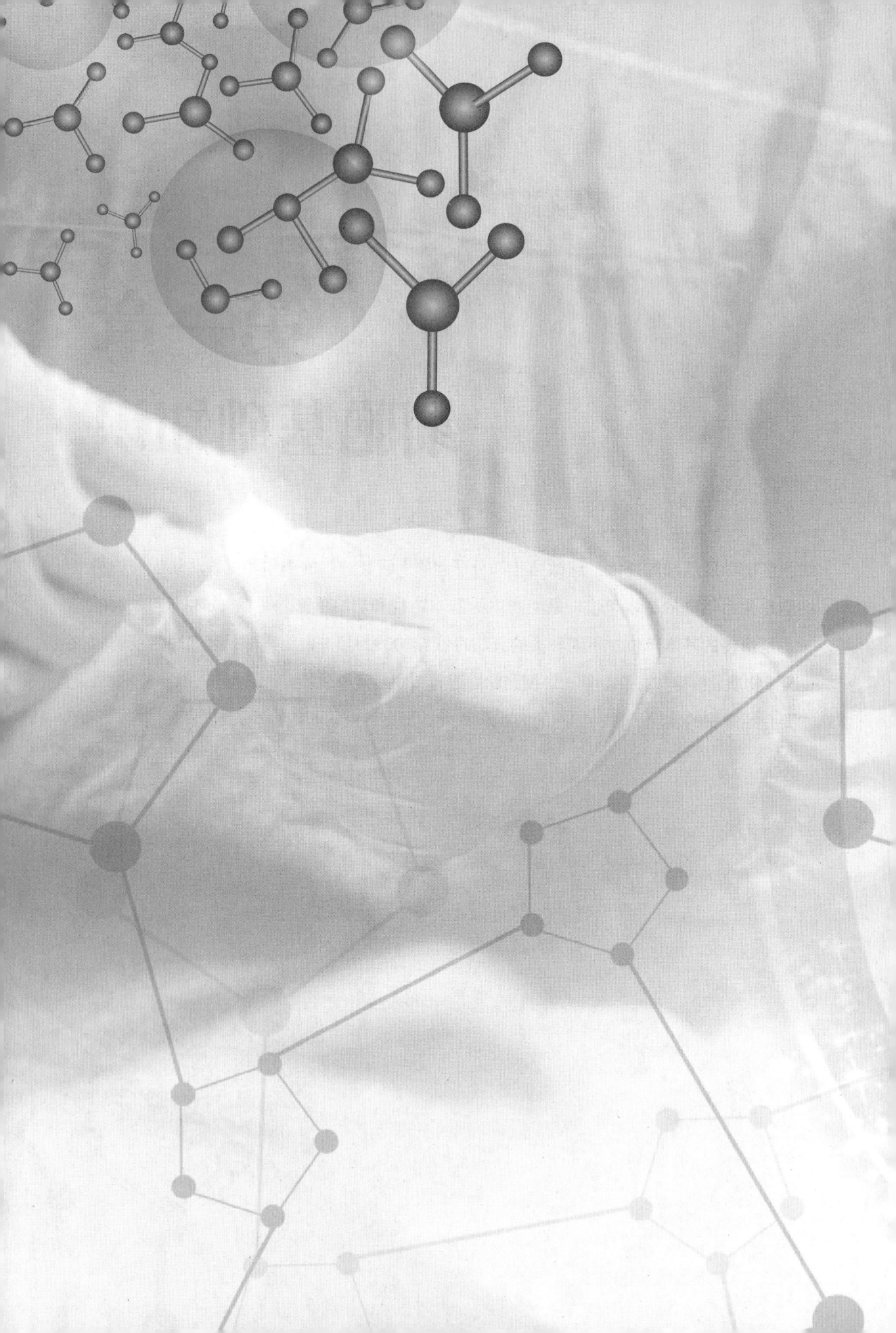

第一节

细胞的发现历程

　　细胞的发现是一个偶然,但也是必然的过程,细胞生物学的变革和显微技术的改进息息相关。1665年,英国科学家罗伯特·胡克(Robert Hooke)的著作《显微图谱》正式出版(图1.1)用图片展示了显微镜的观察结果,观察对象包括跳蚤(图1.2a)、头发、真菌、软木(图1.2b)等。他用自制的光学显微镜观察了软木的薄切片,放大后发现一格一格的小空间,首次用cells来描述"细胞"。事实上这样观察的细胞早已死亡,仅能看到残存的植物细胞壁,真正首先发现活细胞的是荷兰生物学家安东尼·范·列文虎克(Antonie van Leeuwenhoek,1632—1723)(图1.3)。

　　1674年,列文虎克制造了世界上第一台光学显微镜,首次观察到了血红细胞;1675年,他在盛放雨水的罐子里发现了单细胞的微生物;1677年,他首次描述了昆虫、狗和人的精子;1683年,他在人的牙垢中发现了更小的单细胞生物;1684年,他准确地描述了红细胞(图1.4)。

　　在列文虎克之后的160多年里,学界对细胞的研究没有实质性进展。直到19世纪30年代消色差显微镜出现,人们才对细胞的结构和功能有了新的认识。1831年罗伯特·布朗(Robert Brown)在兰科植物表皮细胞内发现了细胞核。1836年瓦朗丁(GG. Valentin)在动物神经细胞中发现了细胞核与核仁。

　　列文虎克是荷兰显微镜学家、微生物学的开拓者,有光学显微镜之父的称号。他最为著名的成就之一,是改进了显微镜并建立了微生物学。他幼年没有受过正规教育,16岁时到阿姆斯特丹一家布店当学徒,并在隔壁眼镜店学习磨制玻璃片的技术。20岁时他到代尔夫特自营绸布,磨制出了一个直径只有3 mm,但能将物体放大200倍的镜片。中年以后他在代尔夫特市政厅工作,有较充裕的时间从事喜爱的磨透镜工作,并用之观察自然界的细微物体。他一生磨制了超过500个镜片,制造了400种以上的显微镜(图1.5),其中有9种至今仍被人使用,镜片放大倍数最大可以达270倍,他一生捐献了大小不同的显微镜26台和几百个放大镜。

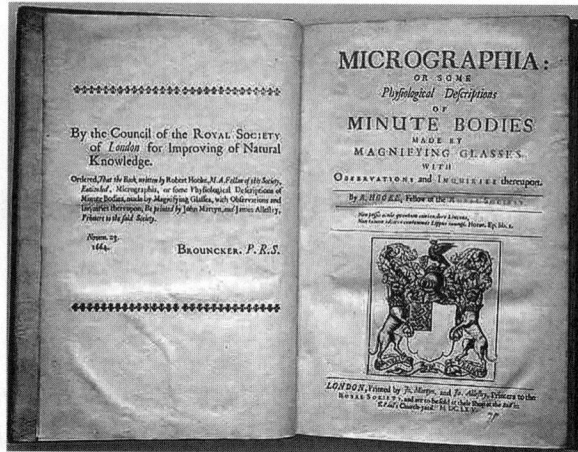

图 1.1　罗伯特·胡克的《显微图谱》

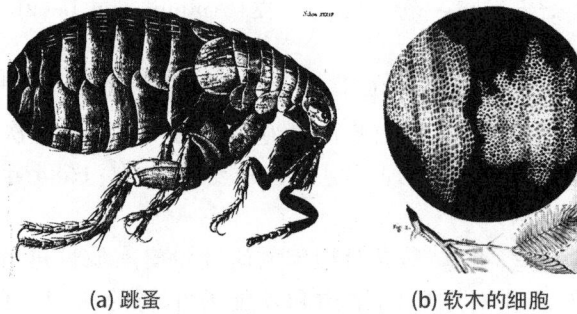

(a) 跳蚤　　　　　　　(b) 软木的细胞

图 1.2　《显微图谱》中的图片

图 1.3　列文虎克

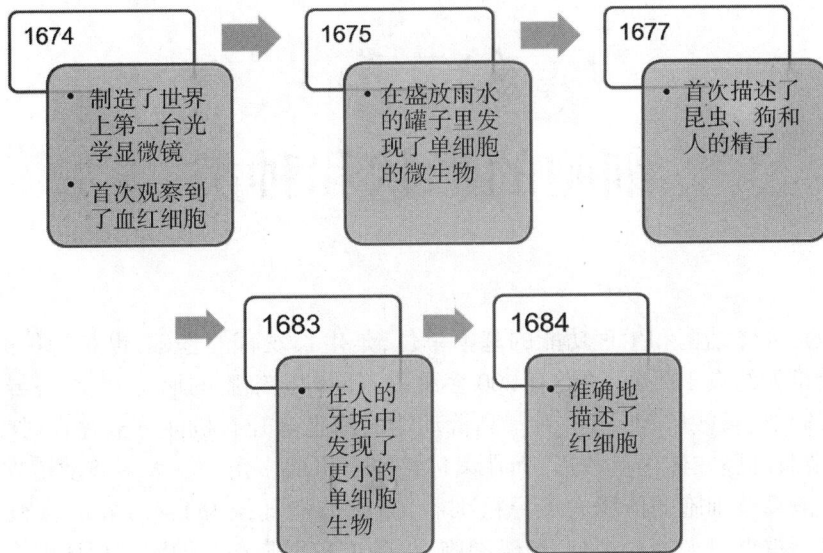

1674
- 制造了世界上第一台光学显微镜
- 首次观察到了血红细胞

1675
- 在盛放雨水的罐子里发现了单细胞的微生物

1677
- 首次描述了昆虫、狗和人的精子

1683
- 在人的牙垢中发现了更小的单细胞生物

1684
- 准确地描述了红细胞

图 1.4　列文虎克一生中的重要发现

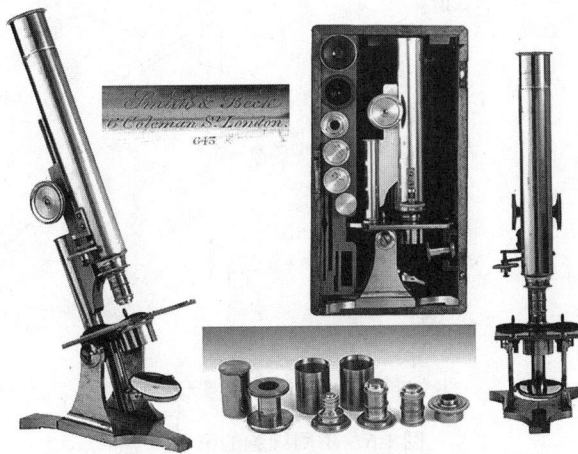

图 1.5　列文虎克制造的显微镜

第二节
细胞的形状和种类

　　人体细胞是人体结构和生理功能的基本单位,是生长发育的基础,也是遗传的基本单位。成年人细胞数量大约有 10^{14} 个,种类有 200 多种。不同种类细胞的形态、大小各异,有球形、星形、长柱形、长筒形、长梭形等(图1.6)。高等动物的细胞离开有机体分散存在时,形状往往发生变化,如平滑肌细胞在体内呈梭形,而在离体培养时可成多角形。大多数动植物细胞直径在 $20\sim30~\mu m$;一般真核细胞的体积大于原核细胞,原核细胞直径为 $1\sim10~\mu m$,真核细胞直径为 $3\sim30~\mu m$。以下重点对人的血细胞、神经细胞、小肠上皮细胞和肝细胞进行详细介绍。

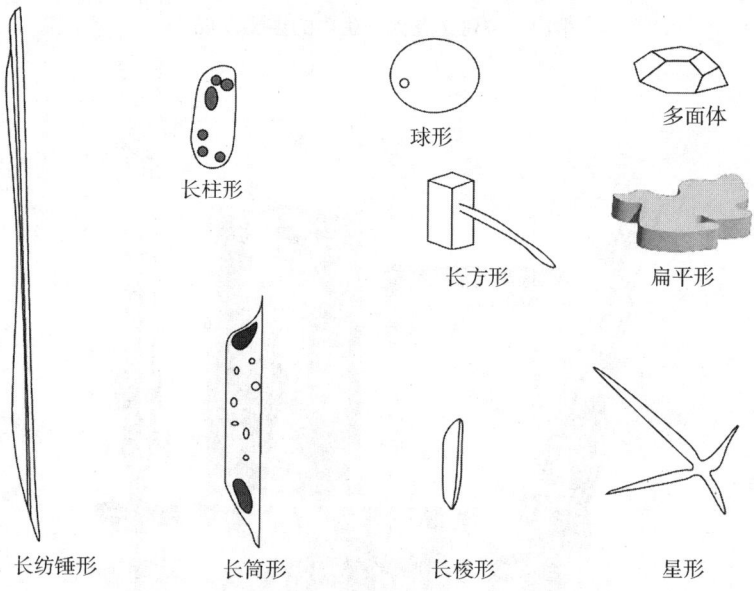

长柱形　　　球形　　　多面体

长方形　　　扁平形

长纺锤形　　　长筒形　　　长梭形　　　星形

图1.6　不同细胞的形状

一、血细胞

　　血细胞又称血球,是存在于血液中的细胞,能随血液的流动遍及全身。血细胞约占血液容积的45%,包括红细胞、白细胞和血小板。

1. 红细胞

红细胞的直径为 6~9.5 μm,平均为 7.2 μm,呈双凹圆盘状,中央较薄(1.0 μm),周缘较厚(2.0 μm)。故在血涂片标本中红细胞呈中央染色较浅、周缘较深,无细胞核,也无细胞器,胞质内充满血红蛋白。正常成人每微升血液中红细胞数的平均值,男性为 400 万~500 万个,女性为 350 万~450 万个。每 100 mL 血液中血红蛋白含量,男性为 12~15 g,女性为 10.5~13.5 g。

2. 白细胞

白细胞为无色有核的球形细胞,体积比红细胞大。成人白细胞的正常值为 4 000~10 000 个/μL。男女无明显差别。根据白细胞胞质有无特殊颗粒,可将其分为有粒白细胞和无粒白细胞两类。有粒白细胞又根据颗粒的嗜色性,分为中性粒细胞、嗜酸性粒细胞和嗜碱性粒细胞。无粒白细胞有单核细胞和淋巴细胞两种。图 1.7 显示了血涂片中不同种类白细胞的形态特征,特别是中性粒细胞、单核细胞和淋巴细胞的染色情况。表 1.1 总结了白细胞的种类和形态特点。

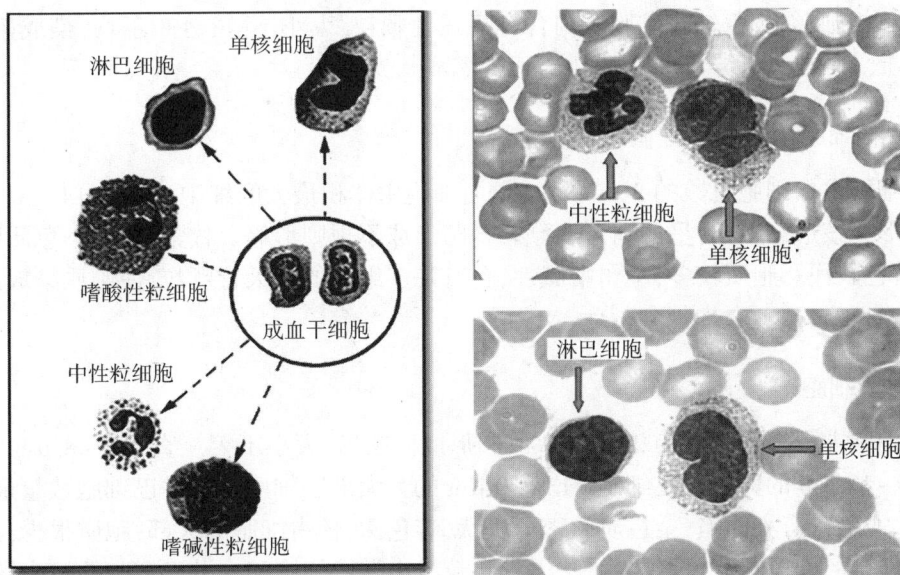

图 1.7 不同种类白细胞的形态特征示意图

表 1.1 白细胞的种类和形态特点

名称	直径(μm)	百分比(%)	形态特点
中性粒细胞	10~12	50~70	细胞核为杆状或分叶状,细胞质颗粒微细,染成紫红色
嗜酸性粒细胞	10~15	0.5~3	细胞核分为两叶,多呈八字形,颗粒粗大,染成橘红色
嗜碱性粒细胞	10~12	0~1	细胞核不规则,有些分为 2~3 叶,颗粒大小不等,分布不均,染成蓝紫色
单核细胞	14~20	3~8	核呈肾形或马蹄形,细胞质比淋巴细胞的稍多,染成灰蓝色
淋巴细胞	6~20	20~30	核较大,呈圆形或椭圆形,染成深蓝色,细胞质少,染成蔚蓝色

(1)中性粒细胞

中性粒细胞占白细胞总数的 50%~70%,是白细胞中数量最多的一种。细胞呈球形,直径 10~12 μm,核染色质呈团块状。核的形态多样,有的呈腊肠状,称杆状核;有的呈分叶状,叶间有细丝相连,称分叶核。细胞核一般为 2~5 叶,正常人以 2~3 叶者居多。细胞质颗粒微细,染成紫红色。

(2)嗜酸性粒细胞

嗜酸性粒细胞占白细胞总数的 0.5%~3%。细胞呈球形,直径 10~15 μm,核常为 2 叶,胞质内充满粗大、均匀、略带折光性的嗜酸性颗粒,染成橘红色。在电镜下,颗粒多呈椭圆形,有膜包被,内含颗粒状基质和方形或长方形晶体。

(3)嗜碱性粒细胞

嗜碱性粒细胞数量最少,占白细胞总数 0~1%。细胞呈球形,直径 10~12 μm。核分叶或呈 S 形或不规则形,着色较浅。胞质内含有嗜碱性颗粒,大小不等,分布不均,染成蓝紫色,可覆盖在核上。颗粒具有异染性,甲苯胺蓝染色呈紫红色。

(4)单核细胞

单核细胞占白细胞总数的 3%~8%。是白细胞中体积最大的细胞。直径 14~20 μm,呈圆形或椭圆形。核形态多样,呈卵圆形、肾形、马蹄形或不规则形等。核常偏位,染色质颗粒细而松散,故着色较浅。胞质较多,呈弱嗜碱性,含有许多细小的嗜天青颗粒,使胞质染成深浅不匀的灰蓝色。

(5)淋巴细胞

淋巴细胞占白细胞总数的 20%~30%,圆形或椭圆形,大小不等。直径 6~8 μm 的为小淋巴细胞,9~12 μm 的为中淋巴细胞,13~20 μm 的为大淋巴细胞。小淋巴细胞数量最多,细胞核呈圆形,一侧常有小凹陷,染色质致密呈块状,着色深,核占细胞的大部,胞质很少,在核周成一窄缘,嗜碱性,染成蔚蓝色,含少量嗜天青颗粒。中淋巴细胞和大淋巴细胞的核为椭圆形,染色质较疏松,故着色较浅,胞质较多,胞质内也可见少量嗜天青颗粒。

3.血小板

血小板是骨髓巨核细胞细胞质的脱落物,本身不是细胞。人体内血小板的正常数值为 10 万~30 万/μL。血小板无细胞核,表面有完整的细胞膜。血小板体积小,直径 2~4 μm,呈双凸扁盘状;当受到机械或化学刺激时,则伸出突起,呈不规则形。在血涂片中,血小板常呈多角形,聚集成群。

二、神经细胞

神经细胞又称神经元,是高等动物神经系统的结构单位和功能单位。神经元可以分为树突、轴突和胞体三个区域。虽然神经元形态与功能多种多样,但结构上大致可分成胞体和突起两部分。

1.胞体

胞体形态多样,有圆形、锥形、梭形和星形等,大小差异很大,小的直径仅 $5 \sim 6$ μm,大的可达 100 μm 以上。位于脑和脊髓的灰质以及神经节内,是细胞的营养和代谢中心,也是其功能活动的中心。细胞核大而圆,异染色质少,染色浅,核仁明显。细胞质也称核周质,含有粗面内质网、核糖体、微管、微丝、线粒体、高尔基体和溶酶体等多种细胞器。

2.突起

突起的形态、数量和长短也很不相同。突起分树突和轴突两种,通常一个神经元有一个至多个树突,但轴突只有一条。

树突多呈树状分支,它可接受刺激并将冲动传向胞体;轴突呈细索状,末端常有分支,称轴突终末,轴突将冲动从胞体传向终末(图1.8)。

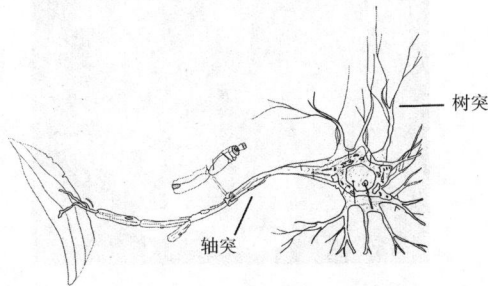

图 1.8　神经元突触的超微结构图

神经元的胞体越大,其轴突越长。轴突往往很长,由细胞的轴丘分出,其直径均匀,开始一段称为始段,离开细胞体若干距离后始获得髓鞘,成为神经纤维。神经纤维一般分为有髓纤维与无髓纤维两种,实际上所谓无髓纤维也有一薄层髓鞘,并非完全无髓鞘。

三、其他细胞

1.小肠上皮细胞

小肠单层柱状上皮由棱柱形细胞组成,小肠上皮细胞朝向肠腔的一侧有微绒毛,能增大表面积,有利于吸收(图1.9)。绒毛凹陷处的细胞紧密连接,很好地阻止了异物的渗入,具有屏障作用。

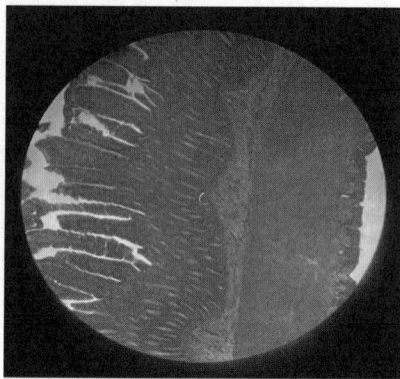

图 1.9　小肠上皮细胞(400 ×)

2. 肝细胞

肝细胞呈索状排列,多边形,核大、圆、居中, 部分有双核或多倍体核(图 1.10)。在显微镜染色观察下肝细胞会有很多密集的黑点,称为线粒体。肝细胞中存在大量的线粒体,为新陈代谢提供了所需的大量能量。

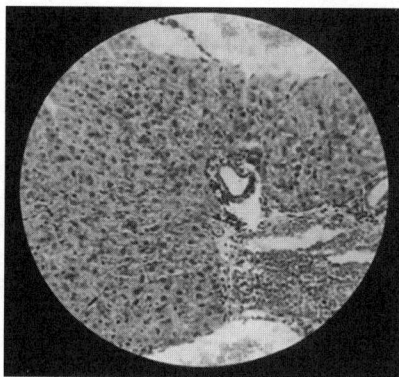

图 1.10　肝细胞(400 ×)

第三节

细胞的结构和功能

一、原核细胞和真核细胞

原核生物如细菌、放线菌、支原体,它们的细胞属于原核细胞。其中细菌是原核细胞的主要类群,基本结构有细胞壁、细胞膜和细胞质,中央有拟核,含有大型环状 DNA 分子,细胞质中有质粒,是小型环状 DNA 分子,核糖体是细菌唯一的细胞器;特殊结构包括鞭毛、纤毛、荚膜等(图 1.12)。原核细胞的基本特点是遗传信息量少,内部结构简单,特别是没有分化成以膜为基础的专门结构和功能的细胞器与核膜。支原体是目前发现的最简单、体积最小的原核细胞,也是唯一一种没有细胞壁的原核细胞。

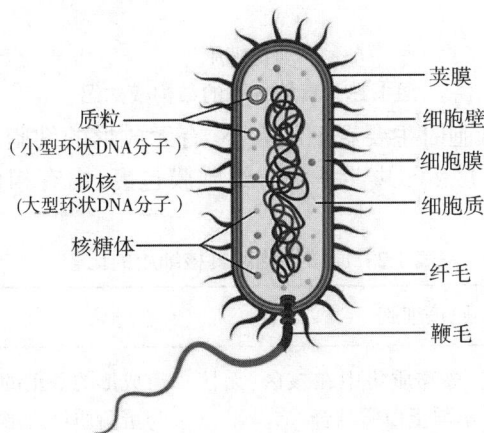

图 1.12　原核细胞的结构模式图

真核生物如真菌、植物、动物等,它们的细胞属于真核细胞。真核细胞的主要特点是以生物膜为基础进一步分化,使细胞内部产生许多功能区室,它们各自分工负责又相互协调和协作。真核细胞中,动植物细胞形态结构相似,基本结构有细胞核、细胞膜和细胞质,细胞质中有各种细胞器,动植物细胞的主要差别在于植物细胞有细胞壁、叶绿体和中央液泡,而动物细胞没有(图 1.13)。

真核细胞的基本结构体系包括生物膜系统,即以脂质及蛋白质成分为基础的生物膜结构系统;遗传信息表达体系,以核酸(DNA 或 RNA)与蛋白质为主要成分的遗传信息表达系统;细胞骨架体系,由特异性蛋白分子装配构成的细胞骨架系统。

植物细胞

动物细胞

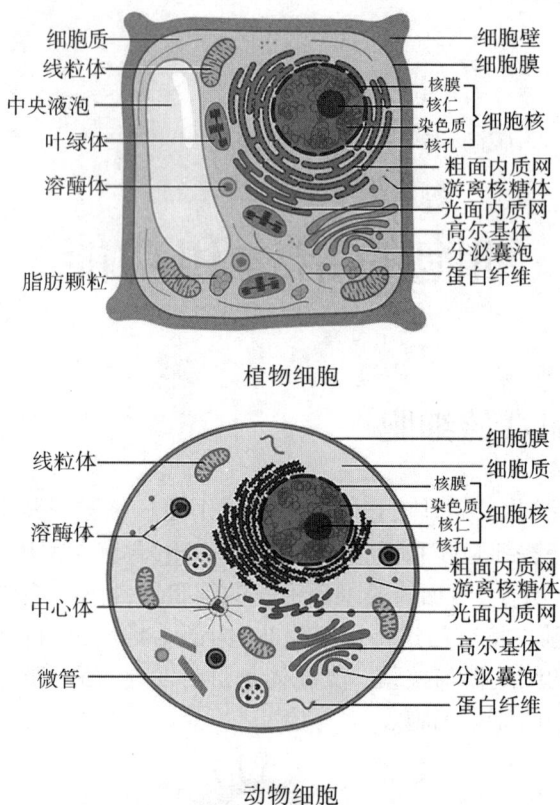

图 1.13 真核细胞的结构模式图

比较原核细胞和真核细胞时主要看细胞大小、有无成形的细胞核、细胞质中的细胞器、有无细胞壁及代表生物等(表 1.2),共性是外有细胞膜包裹,内有相似的遗传信息储存和传递系统。

表 1.2 原核细胞和真核细胞的比较

细胞结构	原核细胞	真核细胞
细胞核	无成形的细胞核,核物质集中在核区;无核膜,无核仁;DNA 不与蛋白质结合	有成形的真正的细胞核,有核膜和核仁,DNA 与蛋白质结合形成染色体
细胞质	细胞质中除了核糖体,无其他的细胞器	细胞质中有核糖体、溶酶体、高尔基体等多种细胞器
细胞壁	有细胞壁,主要成分是肽聚糖	植物细胞和真菌有细胞壁;动物细胞无细胞壁

二、细胞膜

细胞膜的主要成分是脂质和蛋白质,此外还有少量的糖类(图 1.14)。其功能是:(1)将细胞与外界环境隔开,具有屏障功能,保障了细胞内部环境的相对稳定;(2)控制物质进出细胞,具有物质转运功能;(3)参与细胞间的信息交流,具有信号转导功能。

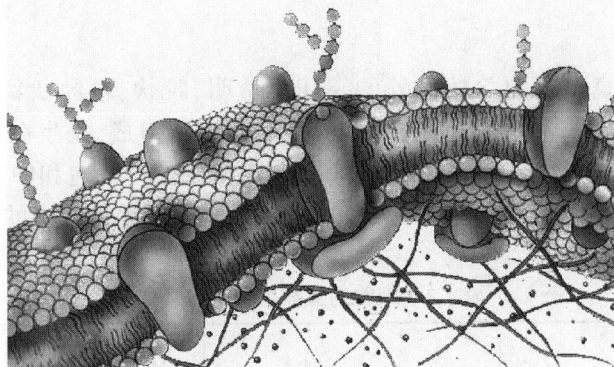

图 1.14　细胞膜结构模式图

三、细胞核

细胞核是遗传信息库,是细胞代谢和遗传的控制中心。植物细胞核直径 1~4 μm,动物细胞核直径 10 μm。核质比(NP)约为 0.5,分裂期细胞的 $NP>0.5$,衰老细胞的 $NP<0.5$。细胞核有圆形,网状,分支状等不同形状。一般细胞核位于细胞中央,成熟植物的细胞核位于边缘。细胞通常只有一个细胞核,但哺乳动物的红细胞无细胞核,肝细胞、心肌细胞有 1~2 个细胞核,破骨细胞有 6~50 个细胞核,骨骼肌细胞有数百个细胞核,植物绒毡层细胞有 2~4 个细胞核。

细胞核包括核膜、核仁、核基质、染色质、核孔等结构。其中染色质由 DNA、组蛋白、非组蛋白、少量 RNA 组成,比例为 1:1:(1~1.5):0.05。组蛋白带正电荷,属碱性蛋白,共有 5种,包括核心组蛋白(H2A、H2B、H3、H4)和连接组蛋白(H1)。非组蛋白是序列特异性 DNA结合蛋白,带负电荷,属酸性蛋白,能识别特异 DNA 序列,结合氢键和离子键。染色质帮助DNA 折叠、复制,并能调节基因表达。

核小体是染色质的基本结构单位,由核心颗粒和连接线 DNA 两部分组成。由核心组蛋白(H2A、H2B、H3、H4)各两分子形成八聚体,构成核心颗粒;200 bp 的 DNA 分子以左手螺旋缠绕在核心颗粒表面,每圈 80 bp,共 1.75 圈,140 bp,两端被 H1 锁合;相邻核心颗粒之间为一段60 bp 的连接线 DNA。

染色质就由一连串的核小体组成,密集成串的核小体形成了核质中的 100 Å 左右的纤维,就是染色体的"一级结构",DNA 分子大约被压缩了 7 倍。染色体的一级结构经螺旋化形成中空的线状体,称为螺线体,是染色体的"二级结构",螺线体的每一周螺旋包括 6 个核小体,因此 DNA 的长度又被压缩了 6 倍。螺线体再进一步螺旋化,形成直径为 0.4 μm 的筒状体,称为超螺旋体,是染色体的"三级结构"。到这里,DNA 又再被压缩了 40 倍。超螺旋体进一步折叠盘绕后,形成染色单体,即染色体的"四级结构"。两条染色单体组成一条染色体。到这里,DNA 的长度又再被压缩了 5 倍。从染色体的一级结构到四级结构,DNA 分子一共被压缩了8 400倍。

四、细胞质

细胞质是细胞质膜包围的除核区外的一切半透明、胶状、颗粒状物质的总称,含水量约80%。细胞质由细胞质基质、内膜系统、细胞骨架和包涵物组成,是生命活动的主要场所。细胞质中有内质网、高尔基体、线粒体、溶酶体、核糖体、叶绿体、液泡和中心体等细胞器,表1.3从分布、化学成分、结构特点和功能方面,对细胞膜、细胞核和细胞质中的各种细胞器进行了汇总比较。

表 1.3　细胞的亚显微结构及功能

结构名称	具体名称	分布	化学成分	结构特点	功能
细胞膜	细胞膜	所有细胞	脂类、蛋白质、糖类	单层膜	细胞识别、物质交换、分泌、排泄免疫等
细胞核	细胞核	真核细胞	蛋白质、DNA、RNA	双层膜	细胞的代谢和遗传控制中心,遗传物质储存复制场所
细胞质	内质网	真核细胞	脂类、蛋白质、糖类	单层膜	合成代谢和其他功能
	高尔基体	真核细胞	脂类、蛋白质、糖类	单层膜	动物:与分泌物形成,蛋白加工有关;植物:与细胞壁形成有关
	线粒体	真核需氧型细胞	呼吸酶、DNA 和核糖体	双层膜	细胞有氧呼吸、产生能量地方
	溶酶体	真核细胞	酶类	单层膜	回收利用和消化作用
	核糖体	所有细胞	蛋白质、RNA	无膜结构	合成蛋白质
	叶绿体	绿色植物细胞	酶、色素、DNA 和核糖体	双层膜	光合作用
	液泡	成熟植物细胞	储存物质	单层膜	与渗透吸水相关,储存色素、无机盐等
	中心体	动物和低等植物细胞	蛋白质	无膜结构	与有丝分裂相关

第四节

细胞工程

一、概述

细胞工程是应用细胞生物学和分子生物学原理和方法,通过某种工程学手段,在细胞整体水平或细胞器水平上,依照人们的需要和设计来改变细胞内遗传物质或获得细胞产品的一门综合科学技术。细胞工程与基因工程一起代表着生物技术最新的发展前沿,随着试管植物、试管动物、转基因生物反应器等相继问世,细胞工程在生命科学、农业、医药、食品、环境保护等领域发挥着越来越重要的作用。

二、发展历史

细胞工程的理论基础是细胞学说和细胞全能性学说。1839年,德国施旺和施莱登建立了细胞学说,细胞学研究进入快速发展阶段。1902年德国学者哈勃兰特(Haberlandt)在其发表的论文中提出了细胞全能性的观点。

从20世纪20年代起,幼胚培养被用来挽救远缘杂交早期败育的胚胎,因此可以认为,幼胚培养和胚胎拯救技术是最早应用的植物细胞工程技术。在动物学界,1907年美国生物学家哈里森用盖玻片悬滴培养的蛙胚神经组织存活了数周,而且观察到其细胞生长现象,开创了动物细胞培养的先河。

细胞工程技术发展迅速,试管植物、试管动物、转基因生物反应器等相继问世。以色列用胚胎干细胞培养出的人类心脏组织可以正常跳动,美国培养出了造血先驱细胞,中国培养出了胃和肠黏膜组织等。1977年英国利用胚胎工程技术成功地培养出世界首例试管婴儿,1997年英国用绵羊的乳腺细胞克隆出绵羊"多莉",2001年英国又培育出首批转基因猪。

三、研究内容

根据研究对象的不同,可将细胞工程分为微生物细胞工程,植物细胞工程和动物细胞工程。细胞工程的研究内容主要包括以下几个方面:

1.细胞与组织培养

动植物细胞与组织培养,主要包括细胞培养和组织培养。

2.细胞融合

细胞融合采用一定的方法使两个或两个以上不同的细胞(或原生质体)融合为一个细胞,用于生产新的物种或品系及产生单克隆抗体。

3.染色体工程

染色体工程是按需要来添加、消减或替换染色体的一种技术,主要用于新品种的培育。

4.胚胎工程

胚胎工程主要是对动物的胚胎进行某种人为的工程技术操作,获得人们所需要的成体动物,包括胚胎分割、胚胎融合、细胞核移植、体外受精、胚胎培养、胚胎移植、性别鉴定、胚胎冷冻技术等。

5.细胞遗传工程

细胞遗传工程主要包括动物克隆和转基因技术。转基因技术是指将外源基因通过一定的方法和手段,整合到受体染色体上,得到稳定、高效表达,并能遗传给后代的试验技术。转基因技术是改变生物遗传性形状的有效途径,已在微生物、植物、动物上得到应用。

四、工程应用

细胞工程作为科学研究的一种手段,已经应用在生物工程的各个方面,成为必不可少的配套技术。细胞工程正在为人类做出巨大的贡献,通过细胞工程可以生产有用的生物产品或培养有价值的植株,并可以产生新的物种或品系。在农林、园艺和医学等领域中,利用细胞工程可以培育新品种、繁育优良品种和濒危品种;生产活性产物和药品,供医学上器官修复或移植使用等。

第二章
显微技术

  显微技术是利用光学系统或电子光学系统设备，观察肉眼所不能分辨的微小物体形态结构及其特性的技术。原始的光学显微镜是一个高倍率的放大镜，从 19 世纪后期至 20 世纪 60 年代发展了许多类型的光学显微镜，如偏光显微镜、暗视场显微镜、相差显微镜、干涉差显微镜、荧光显微镜、倒置显微镜。20 世纪 80 年代后期又发展了一种激光共聚焦扫描显微镜，其结合了图像处理，可以直接观察活细胞的立体图，是光学显微镜的一大进展。本章主要介绍普通光学显微镜、荧光显微镜、激光共聚焦扫描显微镜和电子显微镜的基本构造、原理和应用，以及显微操作技术。

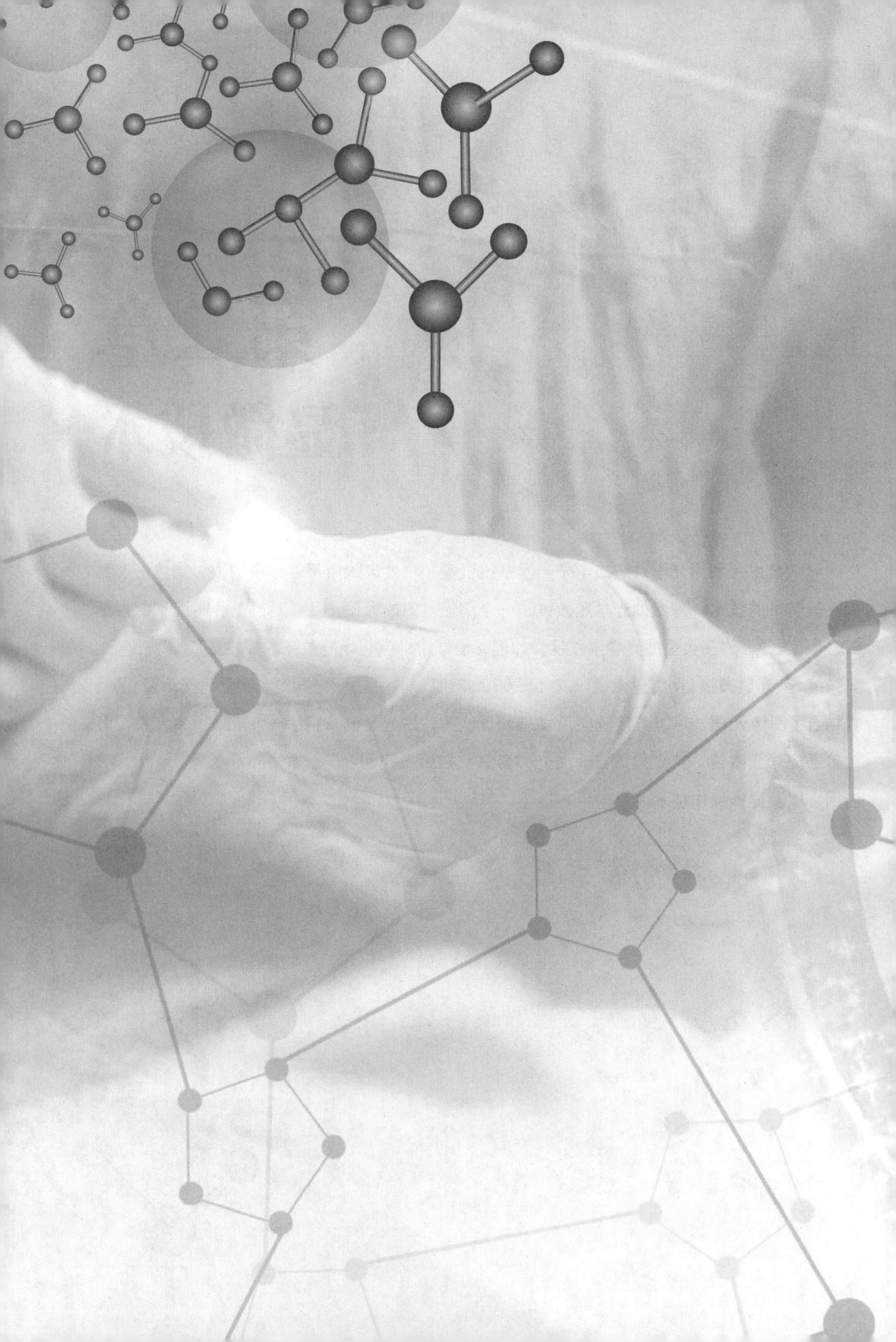

第一节
普通光学显微镜

一、普通光学显微镜的基本构造

普通光学显微镜是最常用的一种光学显微镜,利用光线照明,标本中各点依其光吸收(光的振幅发生变化)的不同而在明亮的背景中成像,包括目镜、物镜、载物台、聚光器、光源、镜座等(图2.1)。

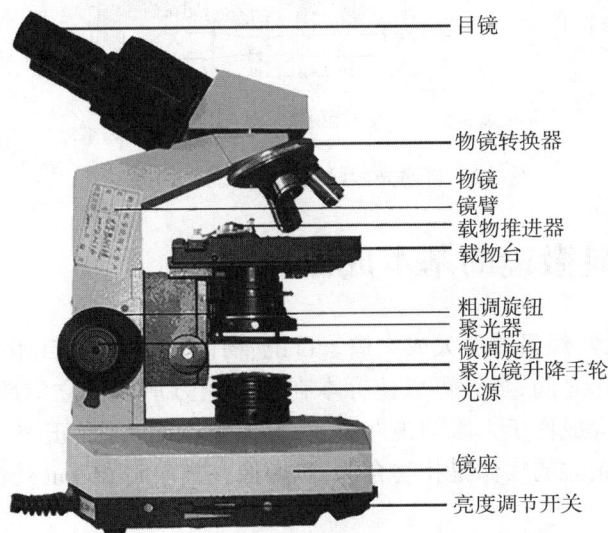

图 2.1　普通光学显微镜的结构示意图

普通光学显微镜主要由机械部分、照明部分和光学部分三部分组成。表 2.1 列出了各部分的主要组成;图 2.2 显示了普通光学显微镜内部基本构造。

表 2.1　普通光学显微镜的基本构造

基本构造	主要组成	主要作用
机械部分	镜座、镜柱、镜臂、镜筒、物镜转换器、载物台、粗微调旋钮	稳定支持整个显微镜;载物调焦
照明部分	反光镜、聚光器、光圈	调节光线强弱
光学部分	目镜、物镜	放大

胶片平面

照相机接口

取景器

光学传感器阵列

PLI投影镜头

眼点位置

物镜

载物台运动控制旋钮

同轴粗微调旋钮

聚光器

视场光阑调节环

集光镜   漫射镜   灯室聚光镜   卤素灯

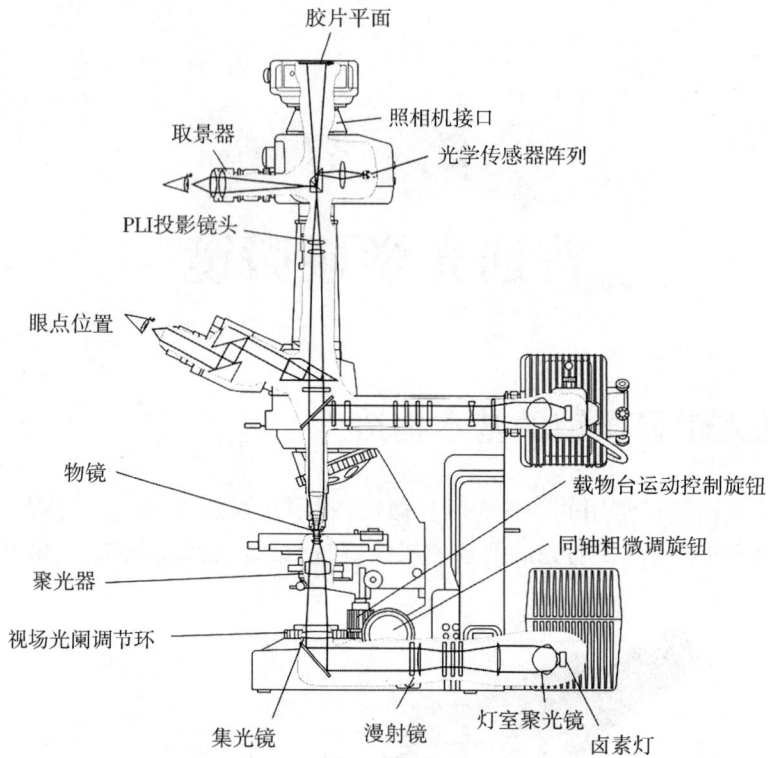

图2.2　普通光学显微镜内部基本构造

二、普通光学显微镜的基本成像原理

　　经物镜形成倒立实像,经目镜放大成虚像。目镜、物镜、聚光器各自相当于一个凸透镜,被检标本置于物镜和聚光器之间,物镜可以使标本在物镜上方形成倒立的放大实像(倒像),而目镜将此倒像进一步放大成像于人眼的视网膜上,形成正立的实像(正像)。显微镜中放大的倒立的虚像与视网膜上正立的实像是相吻合的,该虚像在离眼睛 25 cm 处(图2.3)。

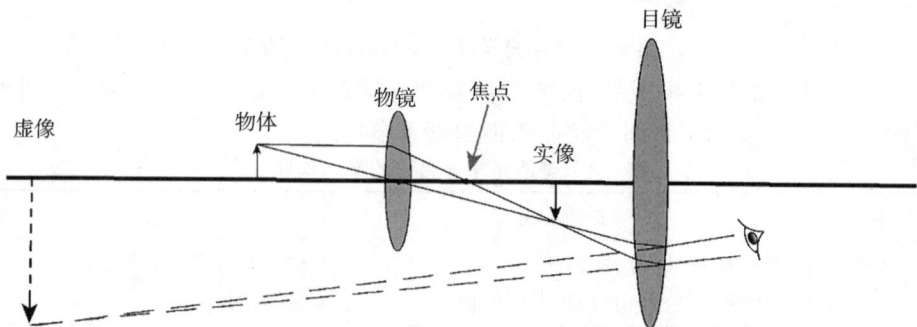

目镜

焦点

虚像   物体   物镜

实像

图2.3　普通光学显微镜的放大原理及光路图

三、普通光学显微镜的性能和质量

普通光学显微镜的性能和质量受镜口率、分辨率、放大率、焦点深度和视场宽度的影响,这些指标都有一定的限度,彼此间相互作用又互相制约,改善或提高某方面的性能,都会使另一方面的性能降低。

1. 镜口率

镜口率($N.A.$),是光学显微镜的数值孔径,指物镜框口能够纳进的光通量的大小。干燥物镜的镜口率为 0.05~0.95,油浸物镜(香柏油)的镜口率为 1.25。$N.A. = n \sin(\alpha/2)$, n=介质折射率,α=镜口角(样品对物镜镜口的张角)。干燥物镜与标本之间的介质——空气的折射 $n \approx 1$,油镜物镜的介质——香柏油的折射率 $n=1.515$。

2.分辨率

分辨率是分辨物体最小间隔的能力,指显微镜或人眼在 25 cm 的明视距离处,能清楚地把两个被检细微物点分开的最小距离的能力。这两点之间的距离即为分辨率,距离越近,其分辨率越高。据推测,人眼的分辨率约为 0.2 mm,而光学显微镜的分辨率约为 0.2 μm。

光学显微镜的分辨力 $R=0.61 \lambda/N.A.$,λ 为入射光线波长,普通光线的波长为 400~700 nm,介质折射率越接近镜头玻璃的折射率(1.7)越好,$\sin(\alpha/2)$ 的最大值小于 1,镜口率最大为 1.6。

3. 放大率

实物放大倍数=物镜放大倍数×目镜放大倍数,在显微镜的物镜和目镜侧面都刻有放大倍数,物镜有低倍镜(4×、10×、15×)、高倍镜(20×、40×、45×)和油镜(63×、100×)三种;而目镜有 5×、10×、15×等不同放大倍数,其中最常用的是 10×目镜。光学显微镜的放大倍数最大一般为 1 600 倍。

四、普通光学显微镜与其他显微镜的比较

1.倒置显微镜

与普通光学显微镜相比,倒置显微镜的物镜与照明系统颠倒,载物台的上方有光源,长焦距聚光器,而载物台的下方是物镜,通常具有相差或微分干涉(DIC)物镜,或具有荧光装置,主要用于观察培养的活细胞(图 2.4)。

2.相差显微镜

不同于普通光学显微镜,相差显微镜在构造上有两个特殊之处。一是环形光阑,位于光源与聚光器之间;二是相位板,物镜中加了涂有氟化镁的相位板,可将直射光或衍射光的相位推迟 $\frac{1}{4} \lambda$。原理上,把透过标本的可见光的光程差变成振幅差,从而提高了各种结构间的对比

21

度,使各种结构变得清晰可见(图 2.5)。

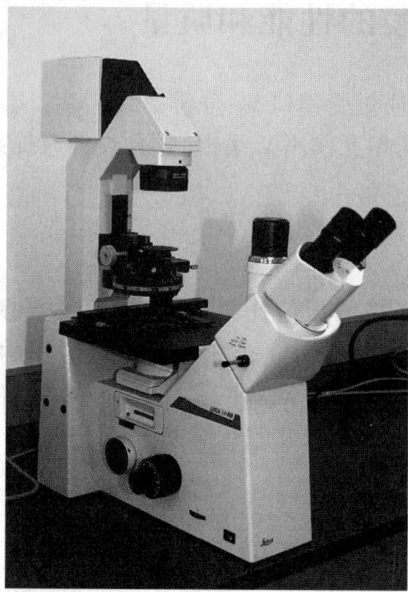

图 2.4　倒置显微镜的实物图

相差显微镜光路

物镜
相位环
直接光
衍射光

中性密度环

透明样本

聚光器

光环

环状环

从光源
发光

图 2.5　相差显微镜的结构原理图

3. 暗视野显微镜

不同于普通光学显微镜,暗视野显微镜的聚光器中央有挡光片,视野背景是黑的,只允许被标本反射和衍射的光线进入物镜,物体边缘是亮的(图 2.6)。可观察 4~200 nm 的微粒子,分辨率比普通显微镜高 50 倍。

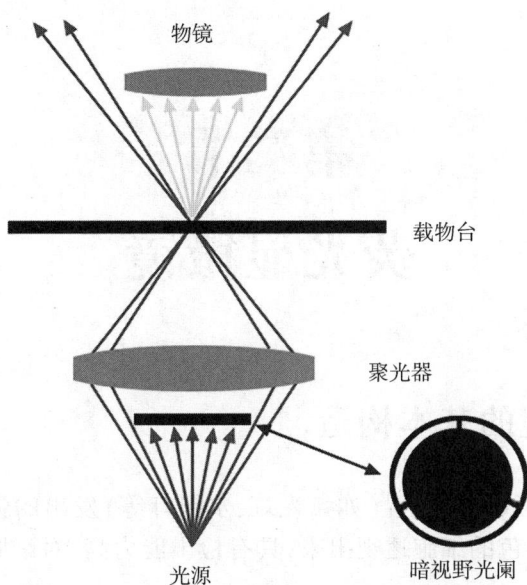

图 2.6　暗视野显微镜的结构原理图

4. 偏光显微镜

偏光显微镜用于检测具有双折射性的物质,如纤维丝、纺锤体、胶原、染色体等。其载物台可以旋转。进入偏光显微镜的光线为偏振光,镜筒中有检偏器(与起偏器方向垂直的偏振片)。

5. 微分干涉差显微镜

1952 年诺玛斯基(Nomarski)发明微分干涉差显微镜,利用两组平面偏振光的干涉,加强影像的明暗效果,能显示结构的三维立体投影。若标本略厚一点,则折射率差别更大,影像的立体感更强。

当代显微镜的发展趋势是采用组合方式,集普通光学显微镜、相差显微镜、荧光显微镜、暗视野显微镜、微分干涉差显微镜、摄影装置等于一体,实现自动化与电子化。

第二节
荧光显微镜

一、荧光显微镜的基本构造

　　荧光显微镜利用紫外线发生装置(如弧光灯、水银灯等)发出的强烈紫外线光源,通过照明设备把固定的切片或染色的细胞透视出来,具有检出能力高、对细胞的刺激小、能进行多重染色等优点。

　　荧光显微镜的光源为短波光,有两个特殊的滤光片,照明方式通常为落射式。其基本构造包括紫外光光源,二向色镜和滤光镜。二向色镜可以反射短波(510 nm 以下)光,透过长波(510 nm 以上)光;滤光镜有两个,其中第一滤镜只允许波长为 450～490 nm 的蓝色光透过,而第二滤镜可以阻断不需要的荧光信号,让波长为 520～560 nm 的特异绿色荧光透过(图 2.7)。

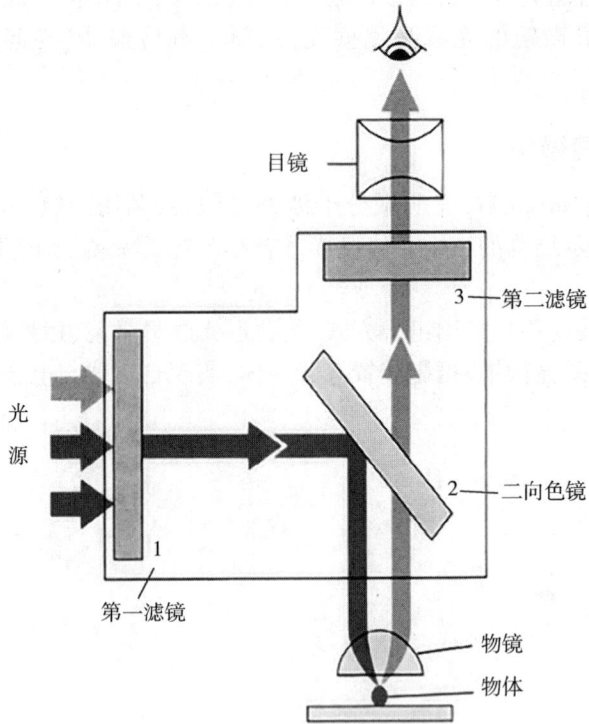

图 2.7　荧光显微镜的结构原理图

二、常用的荧光染料

荧光素(Fluorescein)是最早使用,最经济实惠,也是使用最广泛的荧光染料之一,有两种形式,即异硫氰酸荧光素(FITC)和5-羧基荧光素(5-FAM)。荧光素的优点包括初亮度非常明亮、水溶性很好,和蛋白偶联不会产生沉淀。荧光素的弱点是光稳定性欠佳,长时间照射荧光易淬灭。FITC 具有比较高的活性,通常来说,在固相合成过程中引入该种荧光基团相对于其他荧光素要更容易,并且反应过程中不需要加入活化试剂。5-FAM 是一种绿色荧光探针,用于标记肽、蛋白质和核苷酸。

罗丹明(rhodamine)类染料可选用的荧光颜色多,很多染料的波长比荧光素更长,是荧光素的有力补充。罗丹明有各种结构,常用的有罗丹明绿、罗丹明 6G、四甲基罗丹明(Tetramethylrhodamine, TMR)、罗丹明 B、X-罗丹明、得州红(Texas red)等。罗丹明可以覆盖从绿色到红色广泛的光谱,其中橙色荧光的四甲基罗丹明最常见,也最常用。利用荧光素和各种罗丹明的组合,可以实现各种多色彩染色、标记、追踪,常常用于 DNA 测序、荧光免疫、微阵列的各种生物实验中。但是由于大多数罗丹明水溶性差,标记蛋白时容易产生蛋白聚集,荧光淬灭等问题。

Alexa Fluor 系列荧光染料中大部分是磺酸化的罗丹明类染料。它们荧光强,水溶性好,并且在各种条件下荧光都稳定,不易被光漂白,可以胜任蛋白标记等各种要求较高的生物标记实验。例如 AF488(Alexa Fluor 488),是磺化后的罗丹明绿,水溶性强,光稳定性高,在较宽的 pH 值范围内(4~10)荧光保持不变。多个染料分子标记同一蛋白时,不易荧光自淬灭,也不易引起蛋白聚集。AF488 是目前最好、最灵敏的水溶性小分子绿色荧光标记染料之一。AF568(Alexa Fluor 568),在被激发时发明亮的橘红色荧光,荧光非常灵敏、稳定,可用于检测低丰度靶标,是优异的水溶性小分子荧光标记染料。

花菁(Cyanine,Cy)类染料是一系列常用的荧光化合物。它们的荧光比 FITC、罗丹明等更亮、更稳定,在工业和生物技术中已有很多年的使用历史。基于不同的化学结构,Cy 染料的荧光可以覆盖从紫外到近红外几乎所有光谱。例如 Cy3 是一种发橘黄色荧光的花青素荧光染料,它的荧光很亮,对 pH 值不敏感,并且背景荧光低,用来标记蛋白、抗体、多肽等,最常用于标记核酸分子(DNA 和 RNA)。Cy5 是明亮的红色荧光染料,相对于 Cy3、Cy5 具有明显的灵敏度优势。具有荧光特性的物质受到波长较短的激发光的激发,能发出波长较长的发射光。

常用的这些染料具有不同的波段,能产生蓝色、绿色、红色等不同颜色(图 2.8)。

三、荧光显微镜的用途

荧光显微镜可用于观察能激发出荧光的结构,如使用罗丹明标记的细胞骨架微丝(图2.9),还可用于研究细胞内物质的吸收、运输、化学物质的分布及定位,用来进行免疫荧光观察、基因定位、疾病诊断等。

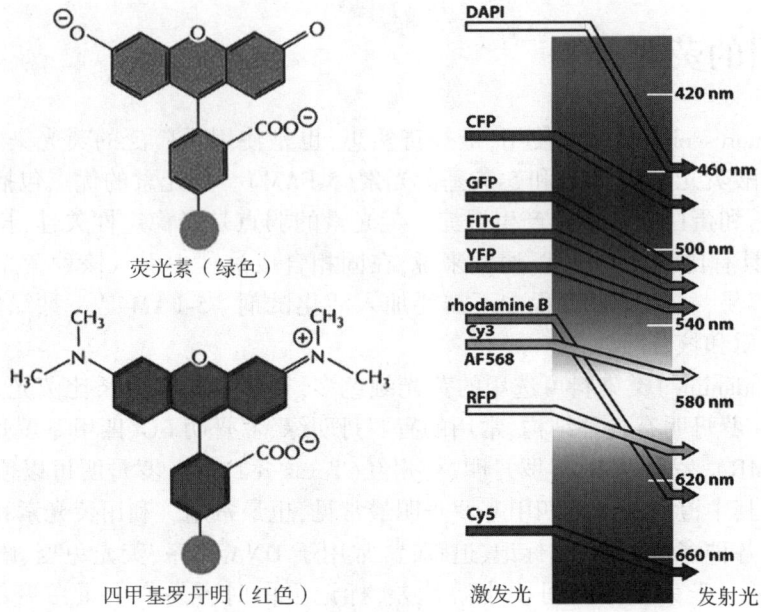

荧光素（绿色）

四甲基罗丹明（红色）

DAPI

CFP

GFP

FITC

YFP

rhodamine B

Cy3

AF568

RFP

Cy5

420 nm

460 nm

500 nm

540 nm

580 nm

620 nm

660 nm

激发光　　　　　　　　发射光

图 2.8　常用的荧光染料

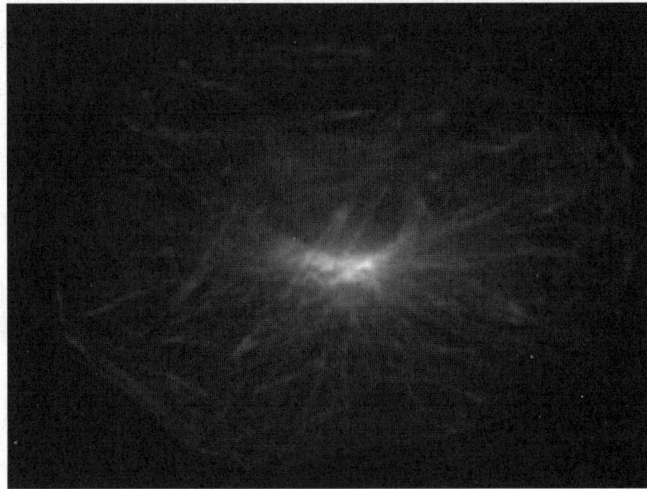

图 2.9　荧光显微镜下观察细胞骨架

第三节
激光共聚焦扫描显微镜

一、激光共聚焦扫描显微镜的结构

激光共聚焦扫描显微镜是在荧光显微镜成像的基础上加装激光扫描装置(图 2.10),使用紫外光或可见光激发荧光探针,利用计算机进行图像处理,从而得到细胞或组织内部微细结构的荧光图像。

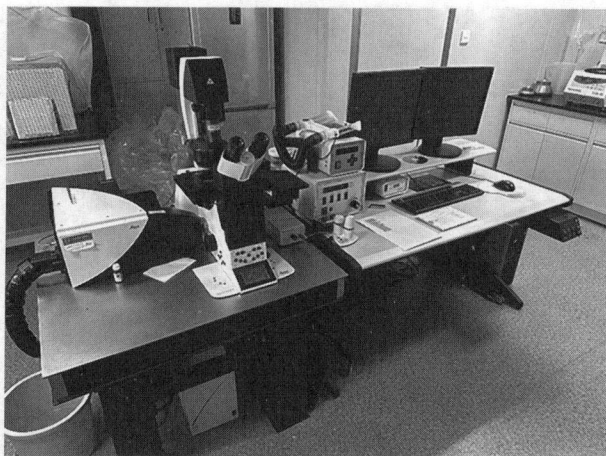

图 2.10　激光共聚焦扫描显微镜实物图

激光共聚焦扫描显微镜除了包括普通光学显微镜的基本构造外,还包括激光光源、扫描装置、检测器、计算机系统(包括数据采集、处理、转换、应用软件)、图像输出设备、光学装置和共聚焦系统等部分。它具有高分辨率、高灵敏度、三维重建、动态分析等优点。

二、激光共聚焦扫描显微镜的原理

激光共聚焦扫描显微镜用激光作光源,逐点、逐行、逐面快速扫描成像,逐面快速扫描成像,扫描的激光与荧光收集共用一个物镜,物镜的焦点即扫描激光的聚焦点,也是瞬时成像的物点(图 2.11)。由于激光束的波长较短,光束很细,所以激光共聚焦激光扫描显微镜有较高的分辨力,大约是普通光学显微镜的 3 倍。系统经一次调焦,扫描限制在样品的一个平面内。调焦深度不一样时,就可以获得样品不同深度层次的图像,这些图像信息都储存于计算机内,通过计算机分析和模拟,就能显示细胞样品的立体结构,如细胞微管和细胞核(图2.12)。

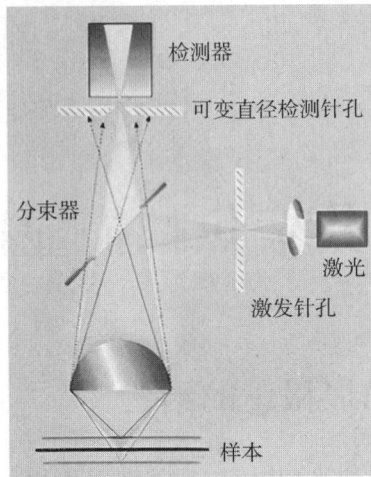

图 2.11　激光共聚焦扫描显微镜光路图

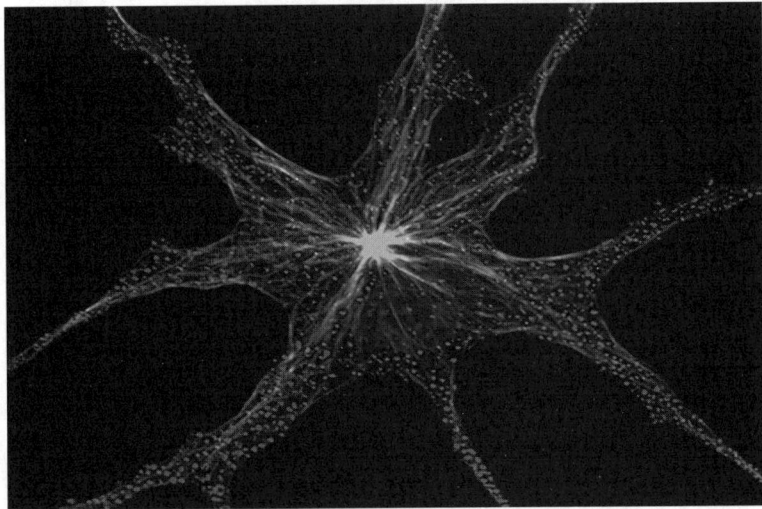

图 2.12　激光共聚焦扫描显微镜观察细胞微管和细胞核

三、激光共聚焦扫描显微镜的应用

激光共聚焦扫描显微镜能够排除焦平面以外光的干扰,增强图像反差和提高分辨率,可重构样品的三维结构,得到细胞或组织内部微细结构的荧光图像,以及在亚细胞水平上观察诸如Ca^{2+}、pH值、膜电位等生理信号及细胞形态的变化。目前,激光扫描共聚焦显微技术已用于细胞形态定位、立体结构重组、动态变化过程等研究,并提供定量荧光测定、定量图像分析等实用研究手段,结合其他相关生物技术,在形态学、生理学、免疫学、遗传学等分子细胞生物学领域得到广泛应用。

第四节

电子显微镜

一、透射电子显微镜

透射电子显微镜是材料、物理、化学以及生命等科学领域中非常有用的工具,由电子照明系统、电磁透镜成像系统、真空系统、记录系统、电源系统等五部分构成,主体部分是电子透镜和显像记录系统,由置于真空中的电子枪、聚光器、样品室、物镜、衍射镜、中间镜、投影镜、荧光屏和照相机构成。

透射电子显微镜的工作原理是由电子枪发射出来的电子束,在真空通道中沿着镜体光轴穿越聚光器,通过聚光器将之汇聚成一束尖细、明亮而又均匀的光斑,照射在样品室内的样品上;透过样品后的电子束携带有样品内部的结构信息,样品内致密处透过的电子量少,稀疏处透过的电子量多;经过物镜的会聚调焦和初级放大后,最终被放大了的电子影像投射在观察室内的荧光屏上;荧光屏将电子影像转化为可见光影像以供使用者观察[图 2.13(a)]。与光学显微镜相比[图 2.13(b)],透射电子显微镜的成像光路方向刚好相反[图 2.13(c)]。

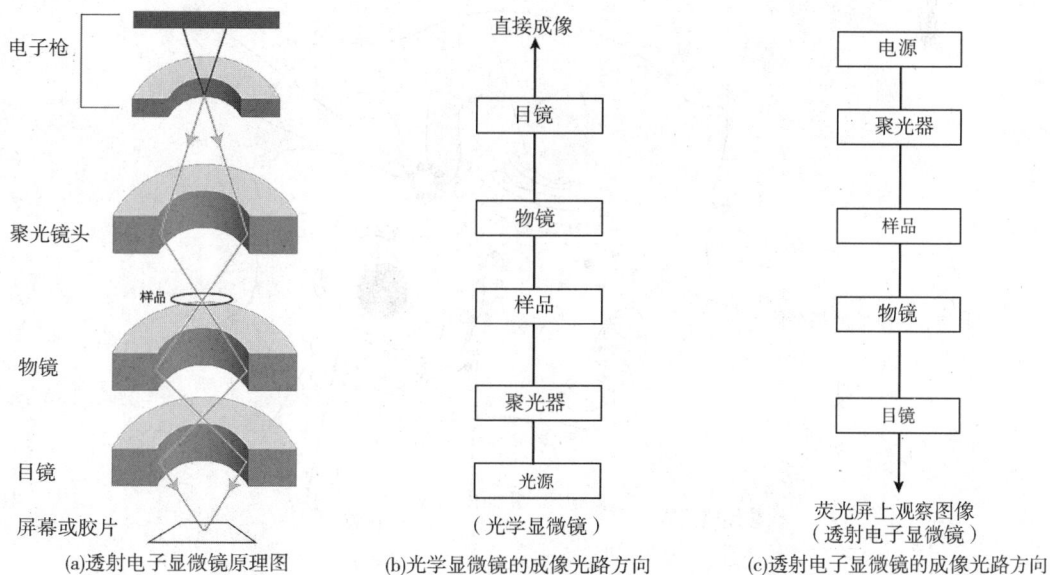

(a)透射电子显微镜原理图　　(b)光学显微镜的成像光路方向　　(c)透射电子显微镜的成像光路方向

图 2.13　透射电子显微镜原理图和成像光路方向比较

与光学显微镜的直接成像不同,透射电子显微镜(图 2.14)以电子束作光源,电磁场作透镜,在荧光屏上观察图像。透射电子显微镜的电子束波长与加速电压(通常为 50~120 kV)的平方根成反比;分辨力为0.2 nm,放大倍数达百万倍,常用于观察小于 0.2 μm 的超微结构,如细胞器(图 2.15)。

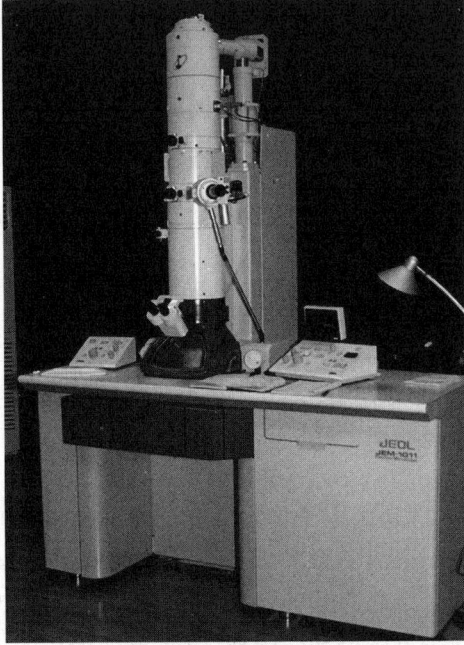

图 2.14　透射电子显微镜的实物图

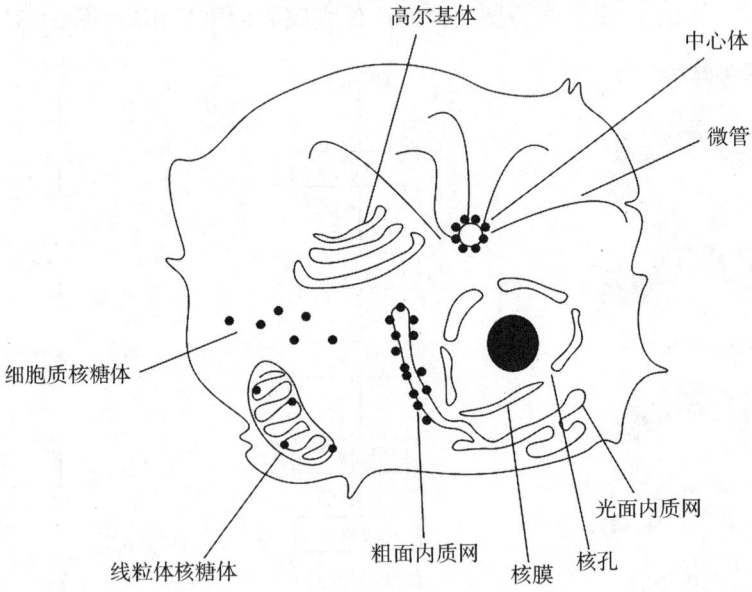

图 2.15　利用透射电子显微镜观察细胞器

二、扫描电子显微镜

扫描电子显微镜是一种用于高分辨率微区形貌分析的大型精密仪器(图 2.16),具有景深大、分辨率高、成像直观、立体感强、放大倍数范围宽、待测样品可在三维空间内进行旋转和倾斜等特点。扫描电子显微镜在 20 世纪 60 年代问世,用来观察标本表面结构,分辨力为 6~10 nm,有效放大倍率为 20 000 倍,应用范围广,样品适应性大。

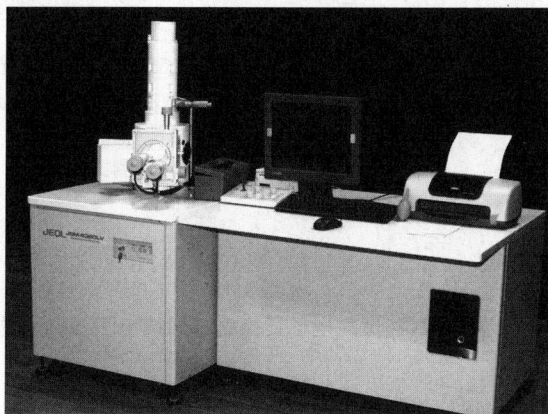

图 2.16　扫描电子显微镜的实物图

扫描电子显微镜的工作原理是用电子枪发射一束极细的电子束,在样品表面形成一个具有一定能量和强度的电子束。在扫描线圈的磁场作用下,入射电子束在样品表面上按照一定的空间和时间顺序做光栅式逐点扫描。由于入射电子与样品之间具有相互作用,将从样品中激发出二次电子。二次电子由探测器收集,经视频放大器放大并将其输送至显像管,调节显像管的亮度,显示出与电子束同步的扫描图像。为了使标本表面发射出次级电子,标本在固定、脱水后,要喷涂上一层重金属膜,重金属在电子束的轰击下发出次级电子信号(图 2.17)。

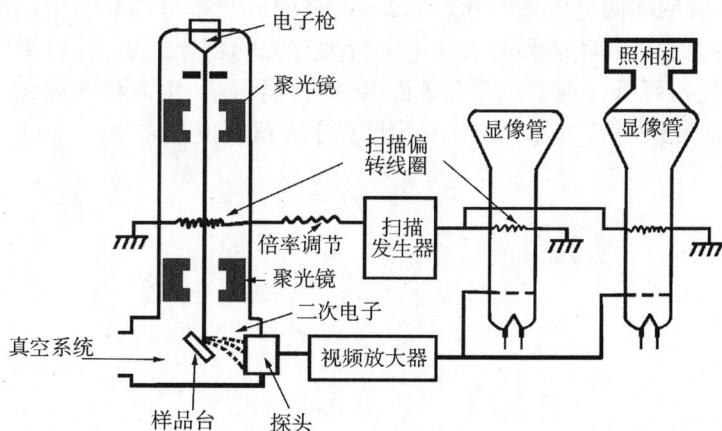

图 2.17　扫描电子显微镜的工作原理图

31

与光学显微镜不同,透射电子显微镜利用穿透标本的电子成像(散射),观察组织的二维切片;而扫描电子显微镜是利用标本表面发射的二次电子成像,观察组织表面的三维结构(图2.18)。

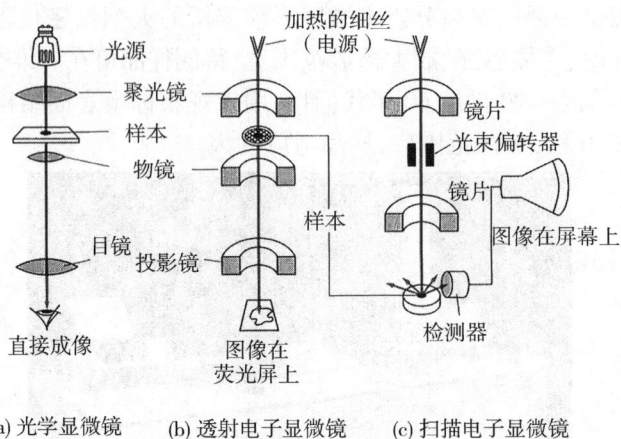

(a) 光学显微镜　　(b) 透射电子显微镜　　(c) 扫描电子显微镜

图 2.18　光学显微镜、透射电子显微镜与扫描电子显微镜的比较

三、扫描隧道显微镜

扫描隧道显微镜是一种扫描探针显微术工具,由隧道针尖、三维扫描控制器、减震系统、电子学控制系统、在线扫描控制系统构成。

扫描隧道显微镜工作原理是根据隧道效应设计,当原子尺度的针尖在不到一个纳米的高度上扫描样品时,此处电子云重叠,外加一电压(2 mV~2 V),针尖与样品之间形成隧道电流。电流强度与针尖和样品间的距离呈函数关系,将扫描过程中电流的变化转换为图像,即可显示出原子水平的凹凸形态(图 2.19)。

扫描隧道显微镜的横向分辨率为 0.1~0.2 nm,纵向分辨率可达 0.01 nm,能够实时地观察单个原子在物质表面的排列状态和与表面电子行为有关的物化性质,且对于三种形态(固态、液态和气态)的物质均可进行观察。它在表面科学、材料科学、生命科学等领域有着广泛的应用前景,被国际科学界认为是 20 世纪 80 年代世界十大科技成就之一。

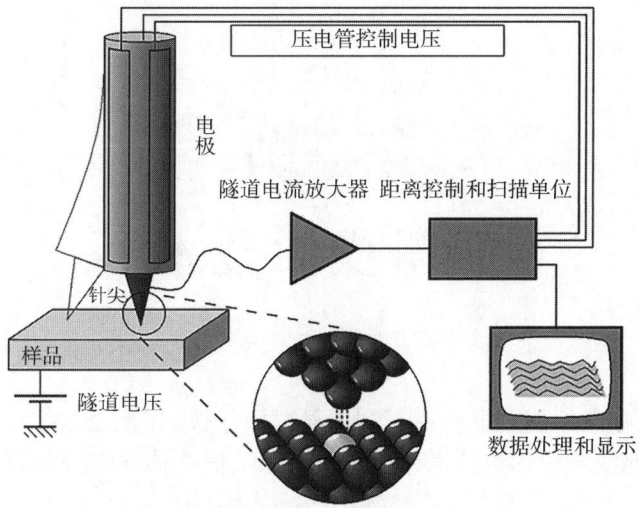

图 2.19　扫描隧道显微镜的原理图

第五节

显微操作技术

显微操作技术是在高倍倒置显微镜下利用显微操作仪器(图2.20),进行细胞或早期胚胎操作的一种技术,包括细胞核移植技术、显微注射技术、嵌合体技术、胚胎移植技术以及显微切割技术等。

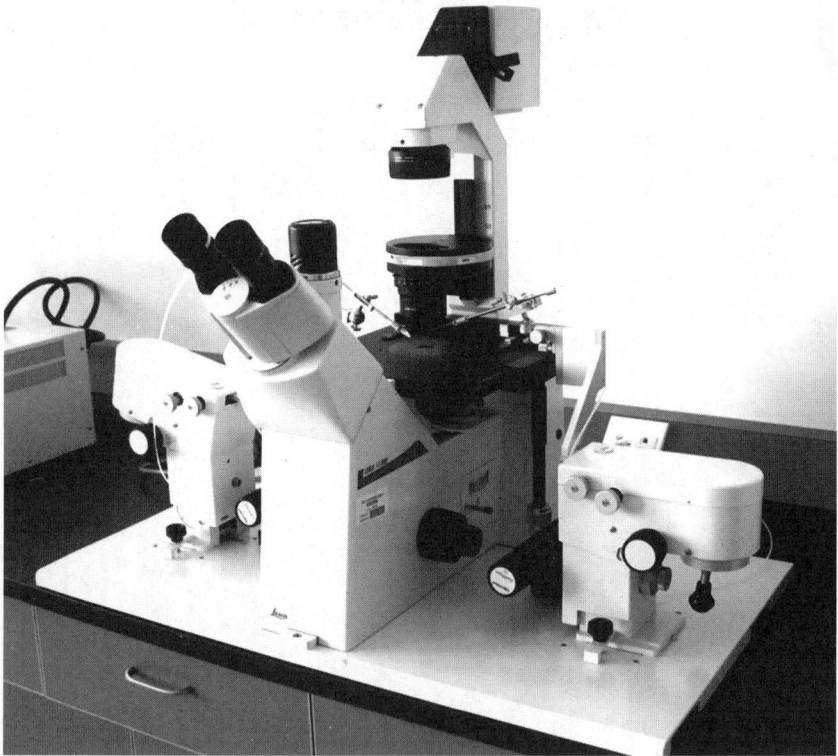

图2.20　显微操作仪器

细胞核移植技术已有几十年的历史,就是将一个供体细胞核用显微注射的方法放进另一个除去核的细胞里,使得核供体的基因得到完全复制。细胞核移植按供体核的来源不同可分为胚细胞核移植与体细胞核移植两种。1952年,罗伯特·布里格斯(Robert Briggs)和托马斯·J.金(Thomas J.King)将不同阶段的蛙胚细胞核注入去核的蛙卵,构建核移植胚。1962年,约翰·格登(John Gordon)证明原肠胚以后的细胞核移植能发育到成体,他利用显微操作技术除去了一个青蛙卵细胞的细胞核(图2.21),用另一只青蛙的成熟小肠细胞核取而代之,这个被改造的卵细胞发育成一条正常的蝌蚪并长成青蛙。

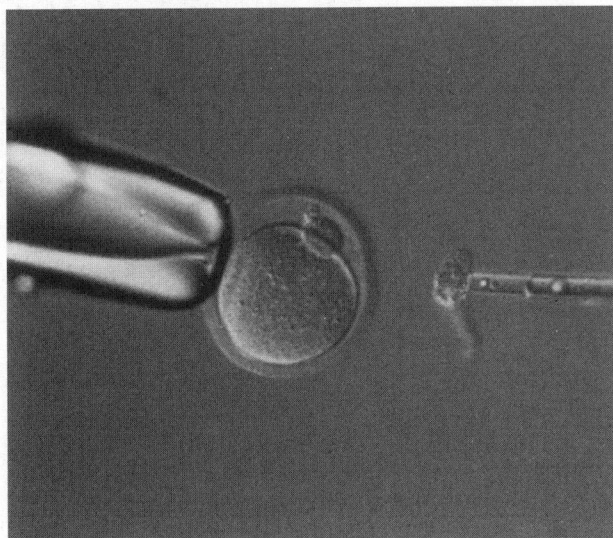

图 2.21　利用显微操作技术去核操作

1996 年,英国苏格兰的爱丁堡大学罗斯林研究所的伊恩·威尔穆特(Ian Wilmut)等人对哺乳动物绵羊进行了克隆研究并取得了成功。他们采用的是已经分化的成熟的体细胞——乳腺细胞,其过程是:从一只 6 岁芬兰多塞特白面母绵羊(代号 A)的乳腺中取出乳腺细胞,将其放入低浓度的培养液中,并提取细胞核;从一头苏格兰黑面母绵羊(代号 B)的卵巢中取出未受精的卵细胞,并去除细胞核,成为受体细胞;利用电脉冲方法,使 A 细胞的细胞核与受体细胞融合,产生类似于自然受精过程中的一系列反应,并促使细胞分裂、分化形成胚胎细胞;把胚胎细胞转移到另一只苏格兰黑面母绵羊(代号 C)的子宫内,胚胎进一步分化和发育,最后生成并分娩出"多莉"。

2003 年,爱丁堡大学罗斯林研究所宣布,由于无法治愈的进行性肺部感染,"多莉"被实施安乐死,终年 6 岁半。"多莉"羊出生 20 多年后的今天,科学家已经克隆出多种动物,如鼠、猫、牛、猪、马和狗,但科学家也开始认真面对"多莉"羊与普通羊有何不同的问题,并发现克隆的动物都有某种缺陷,比亲代动物更容易患病和过早死亡,可能是克隆程序改变了基因结构,导致突变的结果,此外克隆方法在成功率和可接受性方面仍需改进。

第三章
细胞培养

　　细胞培养是细胞生物学研究的最基本的技术之一，也是生物技术中最核心、最基础的技术。通过细胞培养既可以获得大量细胞，又可以借此研究细胞的信号转导、细胞的合成代谢、细胞的生长增殖等细胞生命活动。本章主要介绍细胞培养的基础知识，以及细胞培养的方法、无菌操作、细胞污染等方面的知识。

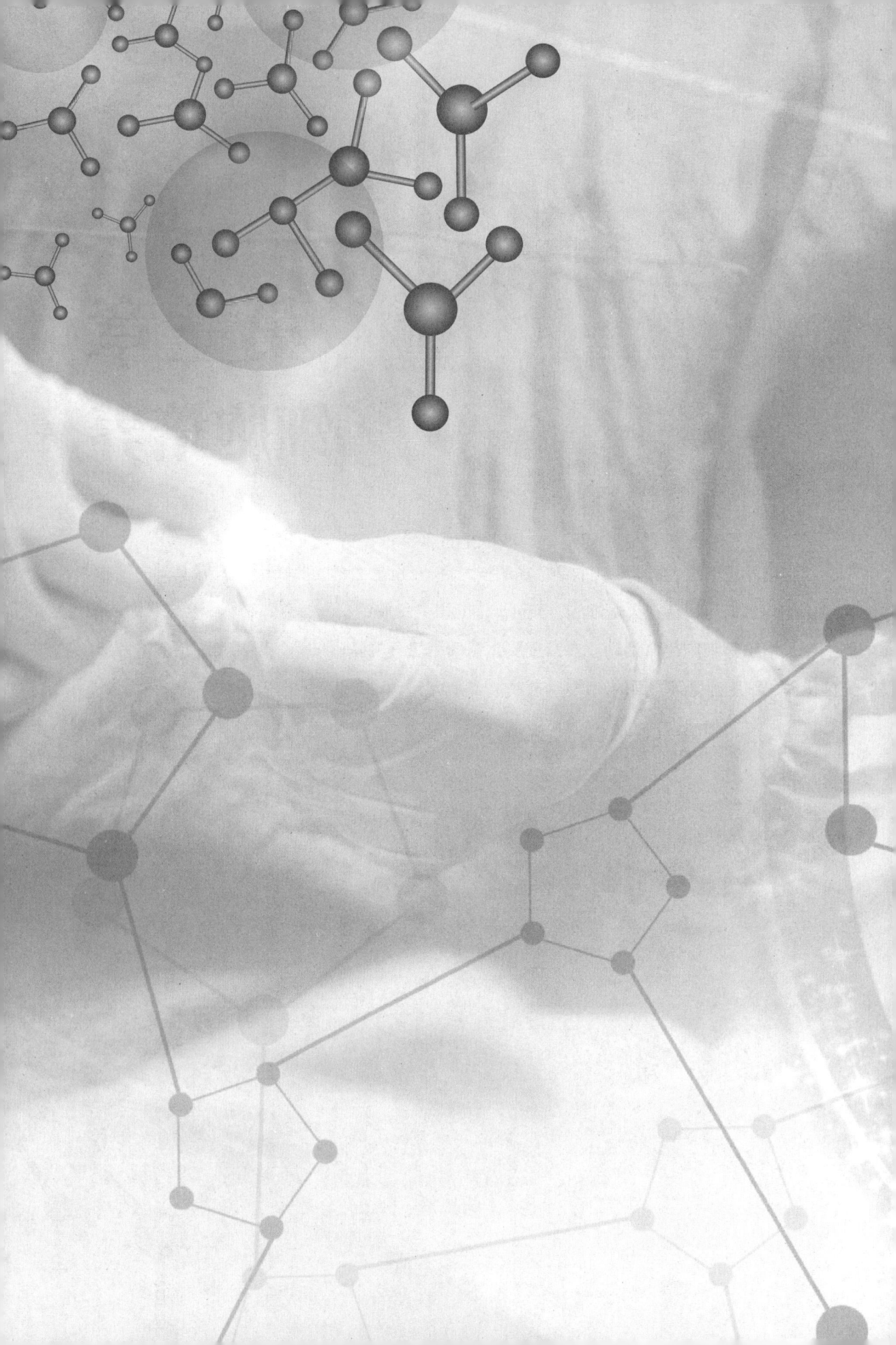

第一节

细胞培养的基础知识

一、细胞培养的常用术语

细胞培养是指在体外模拟体内环境(无菌、适宜的温度、适宜的酸碱度和一定营养条件等),使细胞能够继续生存、生长以至增殖,并维持主要结构和功能的方法。

原代培养是指由体内取出组织或细胞进行的首次培养,也叫初代培养。原代培养离体时间短,遗传性状和体内细胞相似,适于做细胞形态、功能和分化等研究。当原代培养成功以后,随着培养时间的延长和细胞不断分裂,一方面会使细胞之间相互接触而发生接触性抑制,生长速度减慢甚至停止;另一方面也会因营养物不足和代谢物积累而不利于生长或发生中毒。因此,需要进行传代培养,将细胞转移到新的容器中再进行培养。

细胞系是指原代培养细胞经首次传代成功所繁殖的细胞群体。不能连续培养的细胞群体称为有限细胞系,大多数二倍体细胞群体为有限细胞系。能够连续传代的细胞群体叫作连续细胞系或无限细胞系,由癌细胞建立的细胞群体称为"癌细胞系";由正常细胞经诱导(如肿瘤病毒、化学致癌物、癌基因转染)建立的或通过人工条件转化的细胞获得持久的增殖传代能力称为"转化细胞系"。

细胞的培养方式大致可分为两种:一种是群体培养,即将含有一定数量细胞的悬液置于培养瓶中,让细胞贴壁生长,汇合后形成均匀的单细胞层;另一种是克隆培养,将高度稀释的细胞悬液加入培养瓶中,各个细胞贴壁生长,每一个细胞形成一个细胞集落,称为克隆。克隆亦称无性系,指由同一个祖先细胞通过有丝分裂产生的遗传性状一致的细胞群。

图 3.1 所示为群体培养和克隆培养示意图。

细胞株是指通过选择法或克隆形成法从原代培养细胞中获得具有特定性质或标志的细胞群,也就是说,细胞株是用单细胞分离培养或通过筛选的方法,由单细胞增殖形成的细胞群。细胞株的特殊性质或标志必须在整个培养期间始终存在。

二、实验室常用的细胞系

目前实验室常用的细胞系来源于成人、胎儿、小鼠和中国地鼠等,见表 3.1 和图 3.2。

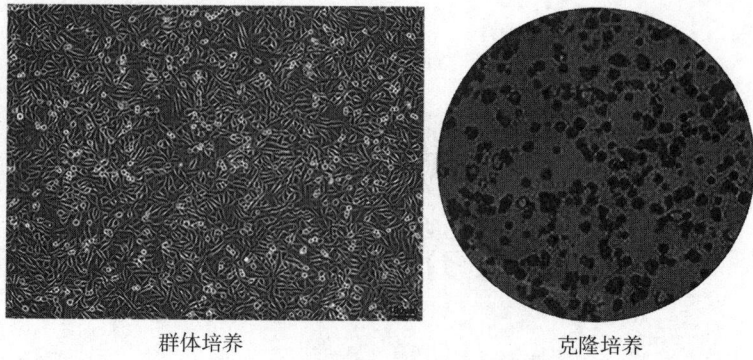

群体培养　　　　　　　　　　　　　　　克隆培养

图 3.1　群体培养和克隆培养示意图

表 3.1　实验室常用细胞系一览表

细胞系名称	细胞类型	来源
NIH3T3	成纤维细胞	小鼠
MRC-5	成纤维细胞	胎儿
CHO	卵巢细胞	中国地鼠
Caco-2	结肠腺癌细胞	成人
HCT-116	结肠癌细胞	成人
HUVEC	血管内皮细胞	成人
HRMC	肾小球系膜细胞	成人
HK-2	肾小管上皮细胞	成人
K562	白血病细胞	成人
HepG2	肝癌细胞	成人
PC3	前列腺癌细胞	成人
DU145	前列腺癌细胞	成人
MCF-7	乳腺癌细胞	成人
MDA-MB-231	乳腺癌细胞	成人
SiHa	宫颈癌细胞	成人
HaCaT	永生化表皮细胞	成人
HeLa	宫颈癌细胞	成人

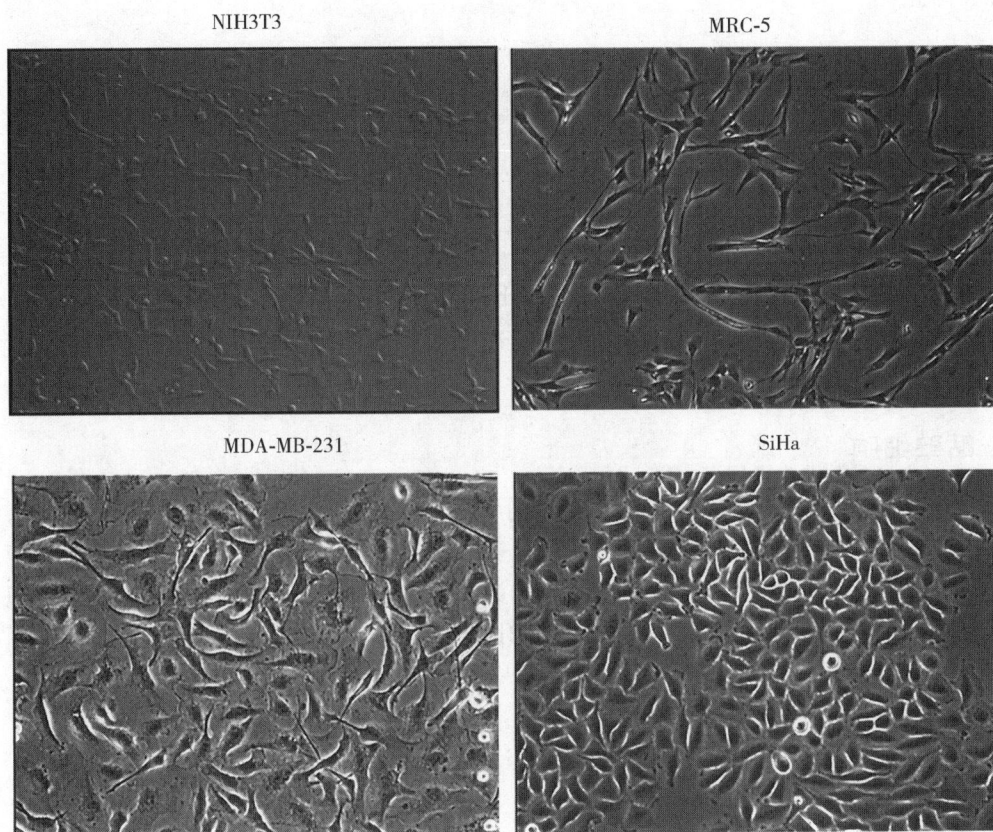

图 3.2　实验室常用细胞系

三、细胞的生长过程

一般正常二倍体细胞,通常可传代 30~50 代,之后可能发生染色体丢失、突变、细胞增殖变慢、停止分裂,进入衰退期,这一转折点称危象临界点。因此,细胞培养要注意细胞传代的代数和时机。

培养细胞生长过程包括以下 3 个时期:

(1)迟缓期(或延迟期):当细胞接种后,在培养液中呈悬浮状态,然后细胞逐渐贴附于培养器皿表面呈贴壁形状,代谢开始旺盛,出现细胞分裂及增殖,但生长缓慢。

(2)对数生长期:此期几乎所有的细胞都在进行分裂,细胞数量迅速增多。细胞倍增时间等于细胞周期时间。这一时期常用细胞倍增时间及细胞分裂指数来判定细胞生长是否旺盛。

(3)平衡期(或平台期):此期细胞数量虽然在增加,但其增加速度减慢,直至细胞数量不再增加,细胞的增长和死亡速度相等。

1958 年有学者提出接触抑制现象,细胞生长过程中会发生分裂增殖,细胞因移动而相互靠近,这时某些细胞可移向其他方向,从而保证细胞不会重叠,但一旦细胞相互接触,细胞移动和增殖活动就会停止。原因是接触抑制使细胞汇合形成单层时,细胞变得拥挤,与培养液接触的表面区域也相应减少,营养成分消耗,代谢物增多,细胞因营养枯竭和代谢产物的影响导致细胞分裂停止。

四、细胞的生长方式

根据细胞在液体或半固体培养基中的生长方式将细胞分为悬浮细胞和贴壁细胞。

1. 悬浮细胞

在液体培养基中悬浮生长,可以在不接触任何表面的情况下生长增殖。从血液、脾脏或骨髓中得到的培养细胞,特别是未成熟的细胞,趋向于悬浮生长。悬浮生长的细胞呈球状,悬浮培养能够很容易得到大量的悬浮细胞。

2. 贴壁细胞

在培养皿表面黏附生长成一个单层,来源于外胚层或内胚层的细胞趋向于贴壁生长,还包括成纤维细胞和上皮细胞。贴壁生长的细胞呈多种形态,但通常都是扁平的,同样的细胞悬浮培养时则为球状。在增殖时需要接触表面的称为贴壁依赖性细胞,而非贴壁依赖性细胞在增殖时不需要接触表面,在培养皿中只是松散地附着在表面。

五、细胞培养的环境及条件

1. 无菌环境

无菌环境是体外培养细胞的首要条件,无菌环境是指没有任何细菌、病毒、真菌等微生物存在的环境。细胞在活体内时,解毒系统和免疫系统可抵抗微生物或其他有害物质的入侵,但细胞在体外培养的过程中,因缺乏机体免疫系统的保护而丧失对微生物的防御能力和对有害物质的解毒能力。

2. 细胞生长环境

(1)适宜的温度:通常 37 ℃,特殊细胞 28 ℃;

(2)适宜的湿度:95%~100 %;

(3)适宜的 pH 值:大多数细胞适宜的 pH 值范围是 7.2~7.4;

(4)CO_2 浓度:通常 5 %,特殊细胞 10%~20%。

3. 细胞营养条件

(1)培养基

培养基包含细胞生长所需的各种营养物质,包括碳水化合物、氨基酸、无机盐、维生素等。针对不同细胞的营养需求,有多种合成培养基可供选择,如 DMEM、RPMll640、MEM、McCoys 5A、M199、F12 等(图 3.3)。为防止污染,培养基中还需添加一定量的抗生素,常用青霉素

（100 U/mL）和链霉素（100 μg/mL）。根据不同细胞和不同的培养目的可添加其他成分,如生长因子等。

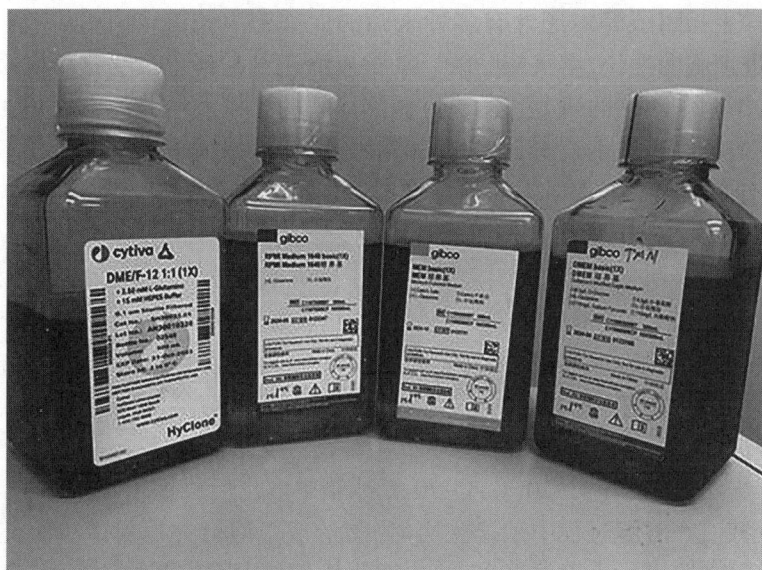

图 3.3　常用的培养基

细胞培养基包括干粉培养基和液体培养基。其中干粉培养基需使用者自己配制并灭菌,优点是价格低,缺点是配制过程烦琐,质量不易控制;液体培养基由专业厂家按标准规模化生产,不仅质量能得到保证,而且使用十分方便。

选择合适的细胞培养基对细胞培养至关重要,可以查阅参考文献,或购买细胞株时咨询商家。用多种培养基培养目的细胞,观察其生长状态,可以根据生长曲线、集落形成率等实验结果选择最佳培养基,这是最客观的方法,但比较烦琐。相对于含有血清和抗生素的完全培养基,不完全培养基是血清含量低、无血清和/或无抗生素的培养基。根据实际需要选择不完全培养基,如当检测细胞周期需要血清饥饿时,需要使用含抗生素但不含血清或血清含量低的不完全培养基;做细胞转染时,需要使用不含抗生素但含血清的不完全培养基(表 3.2)。

表 3.2　完全培养基和不完全培养基的差别

	完全培养基	不完全培养基
细胞培养液	有	有
抗生素	有	有或无
血清	有	有或无
适用时期	正常培养	细胞转染时不含抗生素但含血清; 细胞饥饿时无血清或血清含量低,含抗生素

（2）血清

①血清成分和添加比例

血清中含有蛋白质、氨基酸、葡萄糖、激素等,其中蛋白质主要为白蛋白和球蛋白。氨基酸有多种,是细胞合成蛋白质的基本成分,其中有些氨基酸由于动物细胞本身不能合成,必须由培养液提供。血清中含有胰岛素、生长激素及多种生长因子(如表皮生长因子、成纤维细胞生长因子、类胰岛素生长因子等);还含有多种未知的促细胞生长因子、促贴附因子及其他活性物质,它们能促进细胞的生长、增殖或贴附。动物血清还可起到酸碱度缓冲液的作用。

根据不同的细胞和不同的研究目的决定添加血清的比例。培养液中添加10%~20%的血清能维持细胞较快的生长增殖速度,称为生长培养液;为维持细胞缓慢生长或不死,添加2%~5%的血清,称为维持培养液。因此,细胞培养时,要保证细胞能够顺利生长和在培养液中增殖,一般需添加10%~20%的血清至细胞培养液中。

②血清使用注意事项

血清必须储存于-70 ~-20 ℃冰箱中,若存放于4 ℃环境下,不能超过1个月。如果1次无法用完1瓶,可取40~45 mL血液分装于无菌50 mL离心管中。由于血清结冻时体积会增加约10%,必须预留膨胀体积占用的空间,否则易发生污染或容器冻裂。

③血清的解冻

采用逐步解冻法,将血清从-20 ℃或-70 ℃冰箱中取出后放置于4 ℃冰箱溶解1天,再至室温下全溶后分装。在溶解过程中须摇晃均匀(勿造成气泡),并尽量减少沉淀的发生。勿将血清从-20 ℃冰箱中取出后直接放至37 ℃水浴锅中解冻,因温度改变太大,容易造成蛋白质凝结而发生沉淀。

④血清的热灭活

热灭活处理血清是指将血清置于56 ℃水浴锅中,加热30 min,使血清中的补体成分去活化,避免补体成分对细胞生长的影响。此处理会造成血清沉淀物显著增多,可以通过离心的方法去除沉淀,不会影响血清品质。在进行细胞培养准备时,切勿将血清置于37 ℃水浴锅里时间太久,否则血清会变得混浊,同时血清中许多较不稳定成分亦会因此受到破坏,而影响血清品质。

⑤血清中的沉淀物

在使用血清的过程中,有时发现血清中有絮状沉淀物,普遍的原因是血清中脂蛋白变性及解冻后血清中存在血纤维蛋白,这些絮状沉淀物不会影响血清本身的品质。如果想减少这些絮状沉淀物,可将其以3 000 rpm的转速通过离心的方式去除沉淀物。有时在显微镜下观察,血清中有"小黑点",其原因可能是热灭活处理后的血清沉淀物,这一般不会影响细胞生长。若发现血清中的沉淀物严重影响血清品质,细胞生长也有问题,应立即停用,更换另一批次的血清。

4. 其他细胞培养试剂

(1)酚红

大多数培养液常使用酚红作为酸碱指示剂。酚红在不同的pH值下呈现不同颜色,中性为红色,酸性时为黄色,碱性时为紫色。当培养基长期保存于4 ℃冰箱中,由于培养基中的CO_2逐渐溢出,培养基越来越偏碱性而呈现偏暗红色,使用后会造成细胞生长停滞或死亡。当培养基偏碱时,可以通过无菌过滤来调整pH值。在一些特殊培养液中不添加酚红,因为已有一些研究表明酚红能模拟类固醇激素(尤其是雌激素)的作用。

(2)细胞消化液

细胞消化液用于分离组织和分散细胞,常用的有胰蛋白酶和乙二胺四乙酸二钠(下称EDTA溶液)两种溶液,可以单独使用,也可以混合使用。胰蛋白酶溶液的主要作用是使细胞间的蛋白质水解,导致细胞相互离散。用胰蛋白酶溶液消化细胞时,加入一些血清或含血清的培养液,能终止消化作用。EDTA溶液是一种化学螯合剂,对细胞有一定的离散作用。使用EDTA溶液处理细胞后,要用平衡盐溶液冲洗干净,因残留的EDTA溶液会影响细胞生长。

六、细胞培养相关仪器及消耗品

1. 常用仪器设备

(1)超净工作台:是为保护试验品或产品而设计的,通过吹过工作区域的垂直或水平层流空气防止试验品或产品受到工作区域外粉尘或细菌的污染。

(2)生物安全柜:是为操作原代培养物、菌毒株以及诊断性标本等具有感染性的实验材料时,用来保护工作人员、实验室环境以及实验品,避免人员和物品暴露于上述操作过程中可能产生的感染性气溶胶和溅出物而设计的。

(3)细胞培养箱:通过在培养箱箱体内模拟形成一个类似细胞或组织在生物体内的生长环境,来对细胞或组织进行体外培养的一种装置。细胞培养箱的环境特点包括恒定的酸碱度(pH值7.2~7.4)、稳定的温度(通常为37 ℃,特殊时为28 ℃)、较高的相对湿度(95%)、稳定的 CO_2 水平(通常为5%,特殊时为10%~20%)

(4)负压吸引器:是通过一定方法制造其吸引头的负压状态,使吸引头外的物质挤压吸引头,从而完成"吸引"效果的工具。负压吸引器由调压器、集液瓶、软管等组成。集液瓶上有两个软管接口,一个接负压终端,一个接入工作腔体。当负压终端接通时,集液瓶内将产生空气负压,该负压将引导废液从另一个软管流入集液瓶内。负压吸引器主要应用于细胞培养过程中废液的吸弃。

(5)恒温水浴锅:水浴锅左侧有放水管,右侧有电气箱,电气箱前面板上装有温度控制仪表、电源开关。电气箱内有电热管和传感器,水平放置不锈钢管状加热器,水槽的内部放有带孔的铝制搁板。一般将温度设置为37 ℃,用于培养液预热、细胞复苏等。

(6)倒置显微镜:其组成和普通显微镜一样,只不过物镜与照明系统颠倒,前者在载物台之下,后者在载物台之上,用于观察培养的活细胞。

(7)离心机:利用离心力,分离液体与固体颗粒或液体与液体的混合物中各组分的机械装置。离心机主要用于将细胞悬浮液中的细胞与培养液分开,以此来收集细胞,常用300 g(转速1 000 rpm)、离心时间5 min的条件。

(8)冰箱:是保持恒定低温的一种制冷设备,用于培养液、血清、抗生素等分装储存。

(9)液氮罐:一般可分为液氮储存罐、液氮运输罐两种。液氮储存罐主要用于室内液氮的静置储存,不宜在工作状态下作远距离运输使用;液氮运输罐为了满足运输的条件,作了专门的防震设计,其除可静置储存外,还可在充装液氮状态下,作运输使用,但也应避免剧烈的碰撞和震动。液氮罐用于细胞长期冻存,最长可保持10年以上。

2. 常用的培养器皿

根据实际实验需要,选择不同规格的培养瓶、培养皿和培养板(图3.4),悬浮细胞培养一般使用培养瓶,有T75和T25两个规格;而贴壁细胞培养可以使用培养瓶,也可以使用培养皿,根据培养细胞数量的要求,选择不同尺寸的培养皿,如直径为100 mm、60 mm、35 mm的圆形培养皿;实验组别较多时可以选择96孔板或24孔板。在细胞培养操作过程中,经常会使用移液管、移液枪和移液器(图3.5),收集和存放样本时会使用离心管、EP管、样本管,以及样本架和移液器枪头等(图3.6)。

图3.4 培养瓶、培养皿和培养板

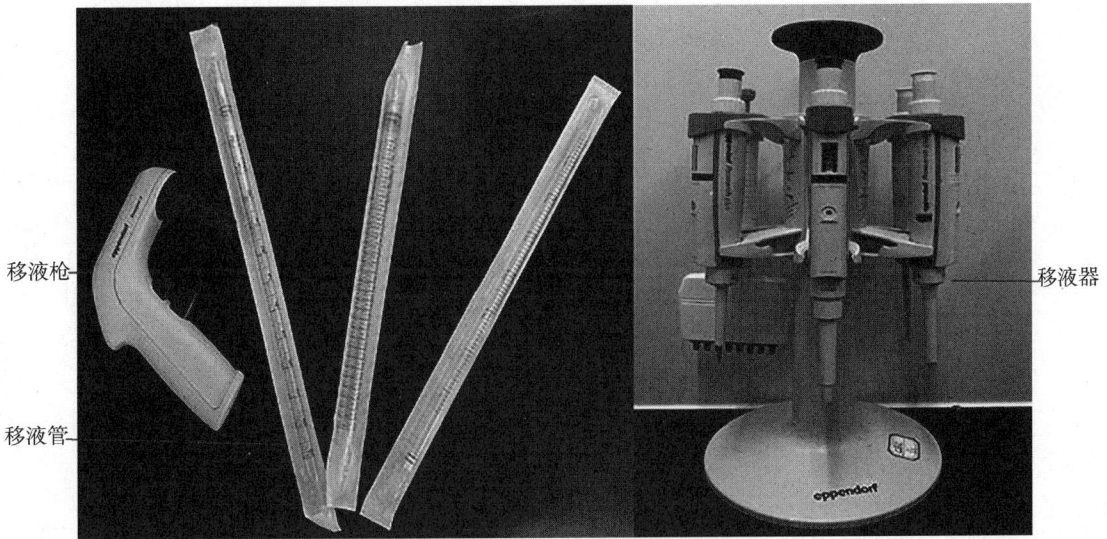

图 3.5　移液管、移液枪和移液器

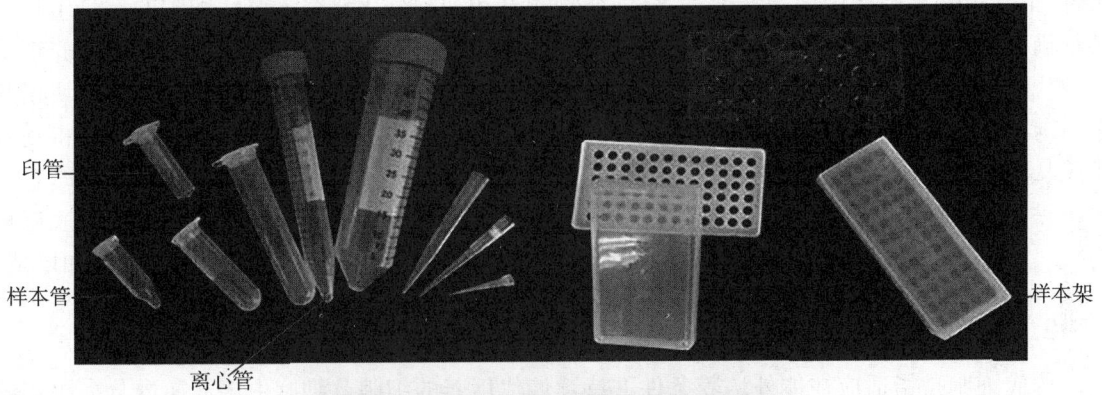

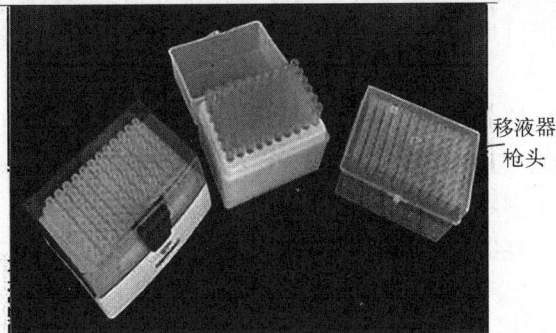

图 3.6　离心管、EP 管、样本管、样本架和移液器枪头

第二节

细胞培养的方法

一、细胞培养的分类

1. 原代细胞的培养

原代细胞是指从机体取出后立即培养的细胞,其保持原有的基本性质,仍具有二倍体遗传特性,最接近和反映体内生长特性,适合做药物测试和细胞分化研究。原代细胞的部分生物学特征尚不稳定,供体和细胞间有很大差异。从第 1 代细胞开始,传 10 代以内的细胞培养统称为原代细胞培养。最常用的原代细胞的培养方法有组织块培养和分散细胞培养。组织块培养是将剪碎的组织块直接移植在培养瓶壁上,加入培养基后进行培养。分散细胞培养是将动物组织从机体中取出离散成单个细胞,在合适的培养基中培养,使细胞得以生存、生长和增殖。

需要注意的是,原代细胞培养的首次传代是建系的关键时期,细胞需覆盖大部分瓶底后再传代。首次传代时细胞接种数量要多一些,使细胞能尽快适应新环境而利于细胞生存和增殖。

2. 传代细胞的培养

传代细胞是指适应在体外培养条件下持续传代培养的细胞。细胞由培养瓶内分离再培养称为传代,进行一次分离再培养称为传一代。培养细胞增殖长满瓶壁时,即达到所谓的饱和密度,需要进行传代培养。

需要注意的是,传代培养注意要有规律进行,因细胞种类和特性有所差异,时间间隔通常为2~4天,最好每种细胞固定时间间隔培养,以保证细胞特质不变。传代需要按细胞数不同,选择适当的分配比例,从多到少一般为 1∶2~1∶16,最好每种细胞固定比例,此法不需要离心,直接分配到新的培养容器中即可;如按一定的细胞数进行,需要离心后再接种传代。

二、细胞培养的过程

1. 细胞观察

从细胞复苏开始,要随时注意观察细胞,重点观察培养液的颜色和透明度的变化,特别要注意细胞的生长增殖变化、细胞形态变化、是否发生微生物污染等。对活细胞的观察包括静态观察和动态观察,其中动态观察培养细胞的附着、贴壁、伸展、移动、有丝分裂等,是细胞观察中最为生动的部分。

如图 3.7 所示,细胞从复苏到培养 48 h,细胞形态和数量发生明显变化,从圆形到伸展成梭形,数量从少到多。

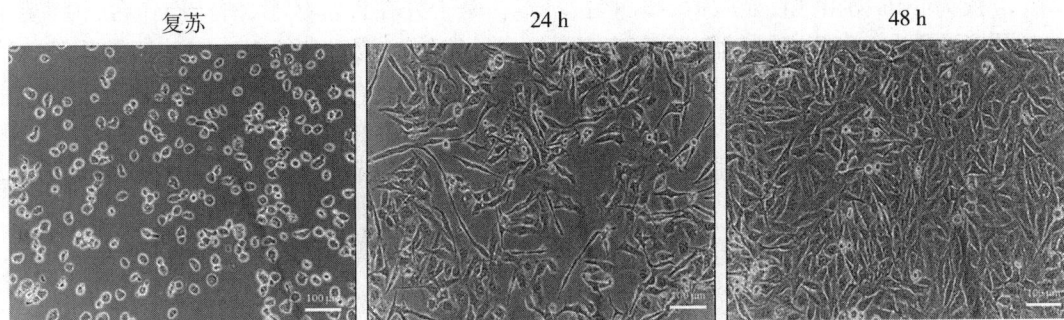

图 3.7　细胞生长形态变化

2. 细胞的换液和消化

(1)细胞换液

细胞换液包括全量换液和半量换液,需要注意换液时机的选择,关注细胞状态和培养液颜色,如细胞生长旺盛,代谢产生的酸性物质积累增多,pH 值下降,营养液酸化变黄,必须换液。

贴壁细胞的换液方法:比较简单,即弃去旧液,加入与原培养液相同的等量完全培养基。若希望细胞在较长时间内能维持存活,并控制细胞增殖,此时要换成含 2% 小牛血清的维持液。若镜下观察杂质较多,可考虑用 PBS 液冲洗,再进行细胞换液。

悬浮细胞的换液方法:将原培养瓶竖起,在 30 min 内,若细胞沉于瓶底,可用吸管轻轻吸弃一半上清,再加入等量的新鲜完全培养基。若细胞不能沉于瓶底,可吸出细胞悬液,采用低速离心(转速为 1 000 rpm, 离心时间为 10 min)弃去一半上清加入等量的新鲜完全培养基,混匀后再转入原瓶继续培养。

(2)细胞消化

对于贴壁不太紧的细胞如 293 或其他半贴壁细胞,可以直接吹散后分瓶。对于贴壁较紧的细胞如肿瘤细胞,则需要用胰蛋白酶消化后再吹散分瓶。细胞消化要适度消化,不能时间过长。

细胞消化的方法:弃去原培养液,用 PBS 液冲洗 2 次;加入 0.25% 胰蛋白酶溶液,充分浸润,加入量依据培养容器而异,按照 2 mL/100 mm,常温或 37 ℃环境下消化 1~3 min,肉眼观察细胞层,当见到出现细针孔空隙时,加入适量的细胞培养液终止消化。

3. 细胞传代

(1)实验前准备:按实验计划和程序准备,做到心中有数

①使用前打开超净工作台及培养内室的紫外灯,需消毒半小时以上。进入培养内室前先

关闭紫外灯,打开超净台风机,等半小时以上,以排尽臭氧。

②穿好隔离衣,戴好口罩、帽子、换鞋、戴手套,用75%酒精擦手。实验相关试剂(培养基、PBS液、细胞消化液)预热15~30 min,最好不要超过1 h,尤其是细胞消化液不要预热超过半小时。

③检查离心机、水浴箱、显微镜、超净台、培养箱是否处在正常状态,清洁操作台,检查超净台内各种实验器材(滴管、移液器、酒精灯、镊子、记号笔等),放置其他本次实验所需物品。

（2）实验步骤

悬浮细胞可采用加入等量新鲜培养基后直接吹打分散进行传代,或用自然沉降法加入新培养基后再吹打分散进行传代。

贴壁细胞的传代一般过程为(以下均按无菌操作的要求进行)：

①弃去原培养液,PBS液冲洗2次。

②加入0.25%胰蛋白酶溶液,充分浸润,加入量依据培养容器而异,2 ml/100 mm培养皿。

③常温或37 ℃环境下,消化1~3 min,肉眼观察细胞层,当见到出现细针孔空隙时,加入适量的细胞培养液终止消化,混合后转移到离心管中,以1 000 rpm的转速离心3 min。

④弃去上清液,加入细胞培养液重悬细胞,分配到新的培养容器中继续培养。视细胞多少决定比例,一般为1∶2~1∶4的比例,或者进行细胞计数,按照一定细胞数接种到新的培养容器中继续培养。

（3）注意事项

①倒置显微镜下观察细胞汇合度达到70%~80%进行传代,不要等到细胞汇合度达到100%。需要考虑细胞数量时则通过细胞计数,按照一定数量进行传代。

②注意密度过小会影响传代细胞的生长,传代细胞的密度应该不低于每毫升$5×10^5$个。

③传代后要做好标记,包括细胞名称、传代次数和传代时间。

④传代后,细胞2~8 h后开始贴附在培养器皿的表面上,成纤维细胞要比上皮细胞贴壁早,贴壁时间也因细胞类型而异。

4. 细胞冻存

（1）冻存原理

如细胞在不加任何保护剂的情况下直接冷冻,细胞内外的水分就会很快形成冰晶,冰晶体积膨胀造成细胞核DNA空间构型发生不可逆的损伤,导致细胞死亡。因此,常使用低温保护剂二甲基亚砜(DMSO),它是一种渗透性保护剂,可迅速透入细胞,提高胞膜对水的通透性,降低冰点,延缓冻结过程,能使细胞内水分在冻结前透出细胞外,在胞外形成冰晶,减少胞内冰晶,从而减少冰晶对细胞的损伤。常用冻存液为5%或10%DMSO+完全培养基,或者10%甘油+完全培养基。

（2）冻存要点

冷冻过程要缓慢,冻存细胞必须处在对数生长期,活力大于90%,无微生物污染,细胞浓

度控制在每毫升 $5 \times 10^6 \sim 2 \times 10^7$ 个。

（3）冻存方法

①配制含 10%DMSO 或甘油、10%~20% 小牛血清的冻存培养液；

②取对数生长期的细胞,用胰蛋白酶消化,将细胞移至 15 mL 离心管中；

③以 1 000 rpm 的转速离心 5 min；

④去除上清液,加入适量配制好的冻存培养液；

⑤细胞计数,调节细胞的最终密度为每毫升 $5 \times 10^6 \sim 1 \times 10^7$ 个；

⑥将细胞分装入冻存管中,每管 1~1.5 mL；

⑦在冻存管上标明细胞的名称,冻存时间及操作者。

（4）冻存程序

标准的冻存程序为降温速率 -2 ~ -1 ℃/min；当温度达 -25 ℃以下时,可增至 -10 ℃ ~ -5 ℃/min；到 -100 ℃时,则可迅速浸入液氮中。也可将装有细胞的冻存管放入 -20 ℃冰箱 2 h, 然后放入 -70 ℃冰箱中过夜,取出冻存管,移入液氮容器内。

5. 细胞复苏

（1）复苏原则

快速解冻,保证细胞外结晶快速融化,避免慢速融化水分渗入细胞内再次形成胞内结晶损伤细胞。

（2）复苏方法

①提前做好实验前准备,包括预热水浴锅、消毒超净工作台、准备完全培养基、培养瓶、离心管等。

②戴好眼镜和手套,从液氮罐中取出冻存管。

③迅速把冻存管放入 37 ℃水浴锅中,并不时摇动,在 1 min 内使其完全融化（不要超过 3 min）。在常温下,二甲基亚砜对细胞的毒副作用较大,因此,必须在 1 min 内使冻存液完全融化。如果复苏速度太慢,会造成细胞的损伤。

④将细胞悬液移入 15 mL 离心管中,加适量完全培养基稀释。

⑤以 1 000 rpm 的转速离心 5 min。

⑥弃去上清液加入适量完全培养基后接种于培养瓶并置于 37 ℃培养箱中静置培养。

（3）初学者易犯错误

①水浴锅未预热或者未预热到 37 ℃；

②水浴锅内冻存管太多,导致传热不佳,使融化时间延长；

③离心前忘记平衡,导致离心机损坏和细胞丢失；

④一次复苏细胞过多,忘记更换吸头和吸管,导致细胞交叉污染。

6. 细胞运输

(1) 冷冻储存运输

冷冻储存运输是一种利用特殊容器内盛液氮或干冰的运输方法。保存效果较好,但缺点是比较麻烦,不宜长时间运输,多需空运,成本较高。

(2) 充液法运输

此方法较简单。一般选择培养瓶培养细胞,当细胞生长良好,以铺满 1/3 ~ 1/2 瓶底为宜,去掉旧培养液,补充新的培养液至瓶颈部,保留微量空气,拧紧瓶盖,并用胶带密封,放在一个运送盒内,用棉花等做防震、防压处理。运输时间需 4 ~ 5 天,一般放在贴身口袋即可,到达目的地后倒出多余的培养液,只需保留维持生长所需的培养液置于 37 ℃ 细胞培养箱中培养,次日传代。如果在市内运输或仅需数小时运输路程,也可将细胞附着面朝上,或把培养液全部倒掉放在胸部口袋运送,靠附着于细胞表面的培养液可使细胞短时间不受损。

第三节
无菌操作

一、无菌操作的定义和基本要求

无菌操作是指在无菌室和超净工作台中进行以防止微生物进入人体或污染细胞的操作技术。无菌操作是细胞生物学实验中一项重要的基本操作,其基本要求是操作前将操作空间中的细菌和病毒等微生物杀灭;操作过程中保证操作空间与外界隔离,避免微生物的侵入。

由于体外培养的细胞没有抗感染能力,防污染是决定细胞培养成功的首要条件,一切操作需要保证无菌和有条不紊。

二、细胞培养的无菌操作要求

1. 细胞培养室

细胞培养室前室是缓冲间,在此处换鞋、换白大衣、戴手套,用酒精对双手进行消毒;细胞培养室内室是进行细胞培养的操作室,也称无菌室(图3.8)。在实验开始前半小时,用紫外线照射以杀灭空气中的细菌,此外需要定期全面彻底消毒。

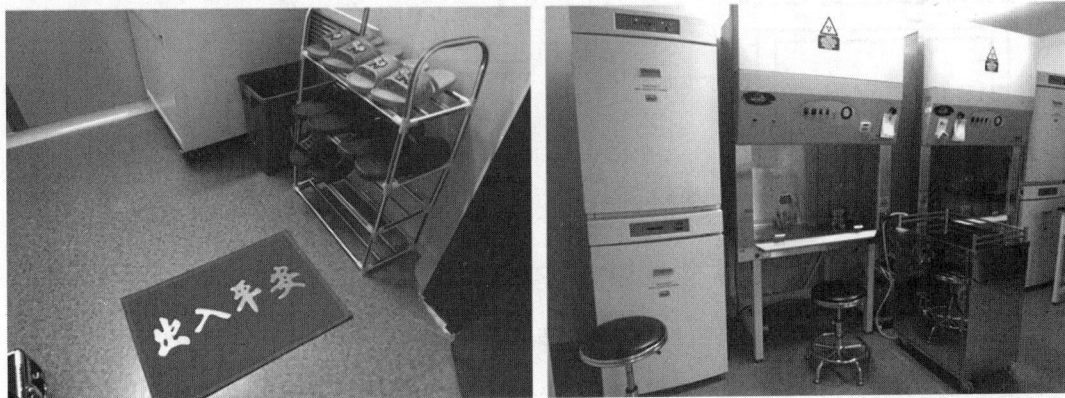

(a) 细胞培养室前室

(b) 细胞培养室内室

图 3.8 细胞培养室

2. 超净工作台或生物安全柜

细胞培养的换液、传代等操作需要在超净工作台或生物安全柜中进行。超净工作台根据排出空气的方向分为水平风超净工作台和垂直风超净工作台两种(图 3.9),生物安全柜是一种负压过滤排风柜,也是实验室生物安全中一级防护屏障中最基本的安全防护设备(图3.10)。在实验开始前半小时,用紫外线对超净工作台或生物安全柜进行照射,然后用 75% 酒精消毒超净工作台或生物安全柜的台面,需要放入超净工作台或生物安全柜的所有物品均需要用75% 酒精消毒,相关物品需要在酒精灯火焰上方进行灭菌后方可使用。

3. 培养用品

所有使用的物品都需要进行无菌处理,根据种类不同选择不同的处理方式,包括高压灭菌、过滤、酒精消毒等。无菌物品必须保存在无菌包或灭菌容器内,不可暴露在空气中过久。无菌物与非无菌物应分别放置。无菌包一经打开即不能视为绝对无菌,应尽早使用。凡已取出的无菌物品虽未使用也不可再放回无菌容器内。

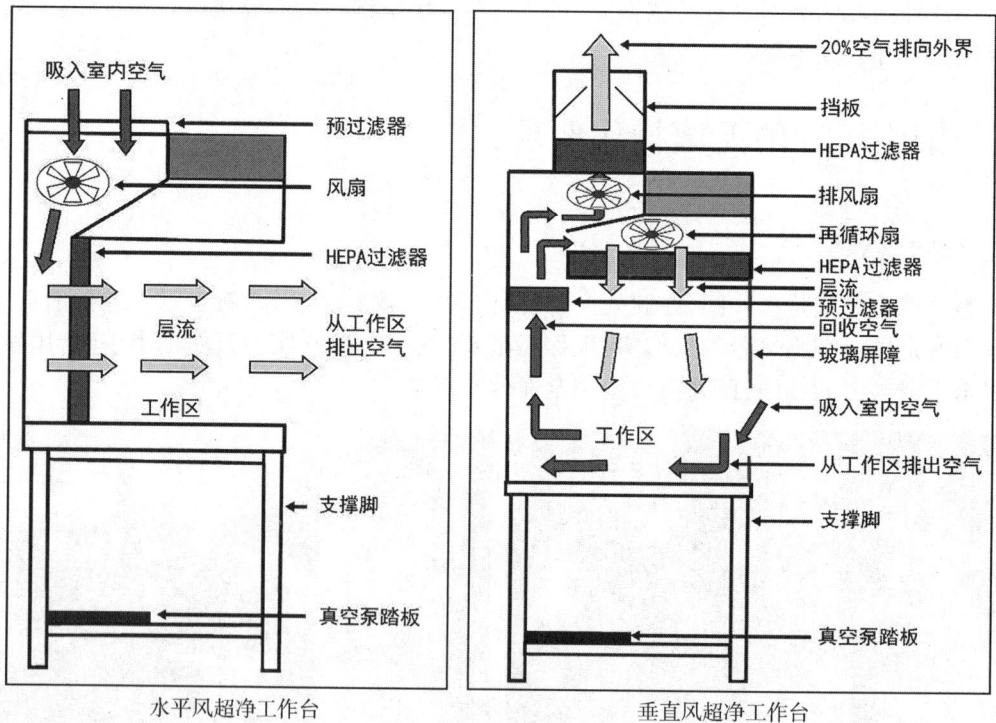

图 3.9　超净工作台

实物图

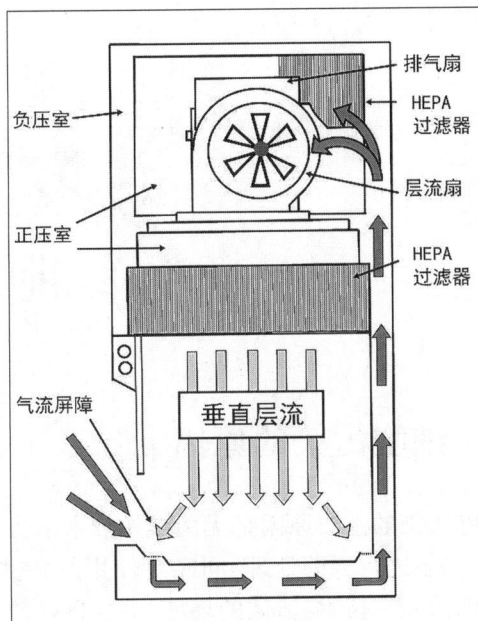

原理图

图 3.10 生物安全柜

细胞污染

一、细胞污染的原因

细胞污染的主要原因是无菌操作技术不当、操作环境不佳、血清污染等。一旦发现细胞污染,应对细胞进行灭菌处理,同时对使用的相关试剂进行检查,如发现问题应进行灭菌处理。严格的无菌操作技术、清洁的环境、品质良好的细胞来源和无菌的培养基是降低细胞污染的最好保证。

二、细胞污染的种类

细胞污染的种类包括细菌污染、霉菌污染、支原体污染等,典型的细胞污染如图 3.11 所示。

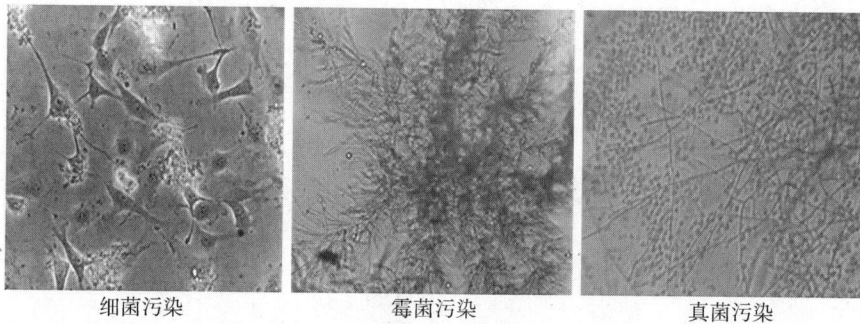

细菌污染　　　　　　霉菌污染　　　　　　真菌污染

图 3.11　典型细胞污染的镜下示意图

1. 细菌污染

细菌污染的直观表现包括普通倒置显微镜下见黑色细沙状;培养液变混浊、变黄(pH 值改变),对细胞生长影响明显;污染后细胞发生病理改变,胞内颗粒增多、增粗,最后变圆脱落死亡。

造成细菌污染的主要原因是操作问题,也有可能是器皿的灭菌不充分,尤其是移液管的问题。最常见的细菌有革兰氏阳性菌(如大肠杆菌、白色葡萄球菌)和阴性菌(如假单胞菌),如图 3.12 所示。

图 3.12　细菌污染的镜下示意图

2. 霉菌污染

霉菌污染的直观表现是早期不明显,细胞培养 2~3 天后,有絮状杂质,镜下可见细丝状絮状漂浮物,有明显的菌丝;培养液清亮,不变色或淡紫色,但会变得黏稠;细胞仍可生长,但时间长后细胞活力状态变差。

此污染一般来自实验服,且具有季节性;也可能是由培养基和器材等问题导致。

3. 真菌污染

真菌污染的特点是培养液清亮,不变色;镜下有丝状物,像死细胞碎片。真菌污染后,细胞生长变慢,最后由于营养耗尽及毒性作用细胞会脱落死亡。

4. 支原体污染

被支原体污染的细胞,不能以肉眼观察出其异状。支原体污染几乎影响所有细胞的生长和代谢等。

支原体污染的特点是培养细胞受支原体污染后,部分敏感细胞可见细胞生长增殖变慢,部分细胞变圆,从瓶壁脱落。但多数细胞污染后无明显变化,或略有变化,若不及时处理,还会产生交叉污染。

支原体污染的原因有操作环境不良,操作人员的疏失,实验器具不洁,以及细胞、培养基、血清受到污染。

支原体污染平均发生率达到 11%,它可以改变细胞的 DNA、RNA 及蛋白表达,不能通过可视法对其进行检测,但对细胞的生长率影响较小,不易引起重视。

5. 其他污染

黑胶虫污染:低倍镜下见黑色点状,高倍镜下可看见黑色的小虫游来游去,培养液是不浑浊的,一般不影响细胞生长,细胞还是可以用的。在细胞增殖旺盛之后会自然消失,除更换血清外无须特殊处理。

原虫污染:培养液轻微浑浊,显微镜下细小的点状物数量非常多,轻微活动,细胞虽然可以生长但增殖速度明显减慢,而且细胞状态不好,边缘不清楚,长久影响生长。其原因可能是火焰上方过火后,粉尘、灰烬等落进培养液中。

三、细胞污染的清除方法

1. 细菌的清除方法

在细胞培养基里添加抗生素,抗生素对杀灭细菌较有效。联合用药比单独用药效果好,预防用药比污染后再用药效果好,一般用青霉素和链霉素。污染后清除用药需采用大于常用量5~10倍的药物冲洗法,于加药后作用24~48 h,再换常规培养液,此法在污染早期有效。

2. 霉菌的清除方法

细胞培养箱被霉菌污染后,可把所有细胞暂时转移,用过氧乙酸擦洗细胞培养箱(包括隔板、箱壁),并把过氧乙酸放置在细胞培养箱内1 h,使其蒸气弥漫。待过氧乙酸的气味消散后再移入细胞。细胞培养箱应定期清洁(2月左右),尤其在多雨的季节更要防止霉菌污染。细胞培养箱的清洁方法:84液擦洗→清水擦洗→75%酒精擦洗→紫外灯照。

3.支原体的清除方法

(1)支原体去除剂处理:用支原体去除剂处理细胞,每4天换1次液,连续处理15天以确保细胞健康,效果好。

(2)清洗纯化法处理:细胞营养驯化→优质细胞群的筛选→细胞清洗→反复离心洗涤,如结合敏感抗生素的抑杀作用,可达到更好的效果。

(3)药物辅助加温处理:先用泰乐菌素药物处理后,再将污染的组织培养物放在41 ℃培养18 h,可杀死支原体,但对细胞有不良影响。

四、细胞污染的预防

由于污染原因很多,预防是防止细胞培养过程中发生污染的最好办法。只有预防工作做在前,才能将发生污染的可能性降到最小。

1.一般预防

从两个方面着手,一是在细胞培养液中添加抗生素(青霉素或链霉素);二是从物品、用品消毒灭菌着手,细胞培养所用物品的清洗、消毒要彻底,各种溶液灭菌除菌要仔细,并在无菌试验阴性后才能使用,尤其是一定要提前确认培养液无菌。操作室及剩余的无菌器材要定期清洁、消毒灭菌。细胞一旦购置或从别处引入,均应及早留种冻存,一旦发生污染废弃,可重新复苏培养。

2.操作者

（1）进无菌室前要用肥皂洗手,戴无菌手套,按规定穿白大衣。工作开始要先用75%酒精棉球擦手、擦瓶口。

（2）操作者动作要轻,必须在火焰周围无菌区内打开瓶口,并将瓶口转动烧灼。操作时尽量不要说话,若打喷嚏或咳嗽应转向背面。

（3）操作时要常更换吸管,一旦发现吸管口接触了手和其他污染物品,应弃去。实验完毕用消毒水浸泡的纱布擦台面。

3. 培养环境

（1）细胞培养箱:定期消毒或紫外线照射,并用酒精和新洁尔灭擦拭,同时细胞培养箱内水要使用三蒸水,定期更换。

（2）超净工作台:一定使用前和使用后酒精消毒,风机开启 15～30 min 后再使用,可防止霉菌污染。

（3）无菌室:用0.1%新洁尔灭全面彻底擦洗无菌室或用甲醛熏蒸法给无菌室消毒。甲醛熏蒸消毒后,可用同等量的氨水喷洒中和,约几小时后可以进行操作。甲醛是一种广谱灭菌剂,其水溶液和气体对各种细菌、芽孢及真菌等微生物均有杀灭作用。

第四章
细胞生命现象的研究技术

生物体的一切生命现象，如生长、发育、遗传、分化、变异、代谢和应激等都被认为是细胞活动的体现。细胞会经历生长、增殖、分化、衰老直至死亡等生命进程，认识新个体的生命历程以细胞的生命历程为基础。本章主要介绍细胞增殖、细胞周期、细胞凋亡、细胞衰老等方面的研究技术，以及细胞运动、迁移与侵袭能力分析。

第一节
细胞增殖研究技术

细胞增殖是生命的基本特征。细胞增殖是生物体生长、发育、繁殖和遗传的基础。

一、细胞增殖检测

细胞增殖是评价细胞活性、代谢、生理和病理状况的重要指标。细胞增殖检测是细胞功能检测的一部分,通常是基于 DNA 含量或细胞代谢实现的,目前已有多种检测方法。

(1)检测活细胞酶代谢活性:通过添加四唑盐类到细胞中,可进行线粒体内酶代谢活性的测定,常使用水溶性四唑盐(WST)、改良四唑盐(XTT)、噻唑蓝(MTT)和细胞计数试剂盒(CCK-8)等。

(2)测定三磷酸腺苷(ATP)水平:ATP 是细胞内最重要的能量分子,活细胞需要不断以 ATP 的形式输入自由能,ATP 与活细胞数目是有良好的线性关系的,因此通过检测 ATP 的增加水平可检测细胞增殖,如荧光素发光法。

(3)检测细胞 DNA 合成:DNA 的新组装合成是细胞生长的必要条件,通过检测 DNA 量的变化,可判断细胞数量的变化。故经常被用来进行细胞增殖、细胞活力及凋亡的检测。5-溴脱氧尿嘧啶核苷(BrdU)及 5-乙炔基-2' 脱氧尿嘧啶核苷(EdU),都是胸腺嘧啶核苷的非放射性类似物,可替代胸腺嘧啶掺入增殖细胞正在合成的 DNA 中,因此,通过对 BrdU 及 EdU 的检测,可用于检测细胞 DNA 合成。

二、常用测定方法

1. 细胞计数法

细胞计数法是细胞学实验的一项基本技术,是测定细胞绝对增长数值常用的最简便的方法,常用于了解培养细胞生长状态、细胞增殖的变化和细胞死亡等。其优点是简单、省钱、准确,不需要特定的试剂和仪器,缺点是无法区分增殖细胞与非增殖细胞,不适合数量较多或特定亚群的细胞计数。

(1)血球计数板计数法(图 4.1)

血球计数板计数法的基本原理是利用血球计数板的特殊标准容量,将显微镜下肉眼观察的细胞数换算成每毫升的细胞数,即细胞浓度。在显微镜下用 10 倍物镜观察计数四角大方格中的细胞数,代入下面的公式。

$$细胞数 = (4大格细胞数之和/4) \times 10^4 \times 稀释倍数 \qquad 公式(1)$$
$$细胞存活率 = 4大格活细胞数/(4大格活细胞数+死细胞数) \times 100\% \qquad 公式(2)$$

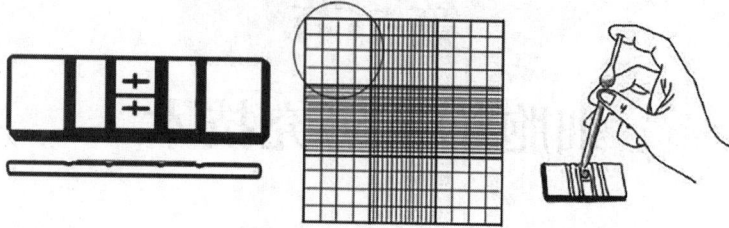

图 4.1　血球计数板计数法

注意事项:

①消化单层细胞时,一定要做到细胞分散良好,制成的是单细胞悬液,否则细胞成团会影响细胞计数结果。

②取样计数前,应充分混匀细胞悬液(在连续取样计数时,尤其应注意这一点),否则前后计数结果会有很大误差。

③用台盼蓝排除法进行活细胞计数时,时间不能太长,否则台盼蓝也会使部分活细胞着色,从而干扰计数结果。

④细胞计数时,遇见 2 个以上细胞组成的细胞团应该按单个细胞计数。

⑤若每 10 平方毫米细胞数少于 100 个或多于 200 个时,需分别浓缩或稀释重制细胞悬液,重新计数。

⑥数细胞的原则是只数完整的细胞,若细胞聚集成团时,只按照一个细胞计算。如果细胞压在格线上时,则只计上线,不计下线,只计右线,不计左线。

⑦注意盖片下不能有气泡,也不能让悬液流入旁边槽中,否则要重新计数。

(2)染料排除法

染料排除法是在细胞计数法基础上建立的活细胞计数法。其基本原理是细胞损伤或死亡时,某些染料可穿透变性的细胞膜,与解体的 DNA 结合,使其着色;而活细胞能阻止这类染料进入细胞内,借此可以鉴别死细胞与活细胞。常用的染料有台盼蓝、伊红和苯胺黑等。

台盼蓝是细胞活性染料,常用于检测细胞膜的完整性和细胞是否存活。活细胞不会被染成蓝色。通过计数活细胞和死细胞数量计算细胞存活率。

$$细胞存活率 = 活细胞数/总细胞数(活细胞和死细胞之和) \times 100\% \qquad 公式(3)$$

例如,用台盼蓝染色法计算紫外线 UVC 辐射后细胞存活率(图 4.2)可区分出死细胞和活细胞,再计算活细胞数量在总细胞数量中的百分比,结果发现与未辐射组相比,辐射组的细胞存活率显著降低。

(3)电子细胞计数仪计数法

电子细胞计数仪的基本原理是用电解液(磷酸盐缓冲液)适当稀释细胞悬液,移入样品杯

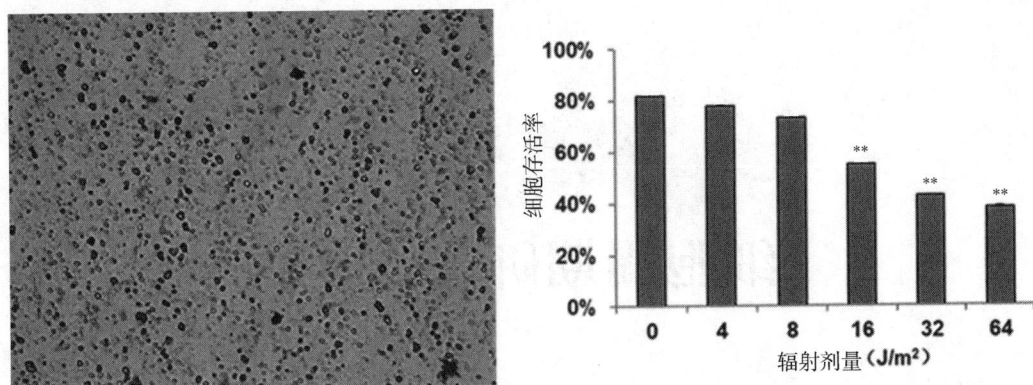

图 4.2 台盼蓝染色法计算辐射后细胞存活率(** $P<0.01$)

中,将样品杯放置在计数仪微孔管下,计数仪吸取 0.5 mL 样品进行计数。被吸取的细胞穿过微孔时改变了流经微孔的电流,产生一系列脉冲信号,计数仪借此进行分类和计数。

2. MTT 法

MTT 法又称 MTT 比色法,是一种检测细胞存活和生长的方法。

其检测原理为活细胞线粒体中的琥珀酸脱氢酶能使外源性 MTT 还原为水不溶性的蓝紫色结晶甲瓒并沉积在细胞中,而死细胞无此功能。二甲基亚砜(DMSO)能溶解细胞中的甲瓒,用酶联免疫检测仪在 490 nm 波长处测定其光吸收值,可间接反映活细胞数量。在一定细胞数范围内,MTT 结晶形成的量与细胞数成正比。

该方法已广泛用于一些生物活性因子的活性检测、大规模的抗肿瘤药物筛选、细胞毒性试验以及肿瘤放射敏感性测定等。其优点是灵敏度高、经济性好,缺点是不能测定悬浮细胞的增殖情况。

3. BrdU 检测法

BrdU 检测原理为在 BrdU 预处理的细胞中,BrdU 可代替胸腺嘧啶核苷插入复制的 DNA双链中,而且这种置换可以稳定存在,并带到子代细胞中。细胞经过固定和变性处理后,可用免疫学方法检测 DNA 中 BrdU 的含量（如采用鼠抗 BrdU 单克隆抗体特异识别 BrdU,再采用辣根过氧化物酶标记的山羊抗鼠 IgG 二抗标记,最后用比色法或荧光法进行定量测定）,从而判断细胞的增殖能力。

BrdU 检测法的优点是使用核酸酶变性 DNA,在不伤害细胞完整性的情况下使抗体结合BrdU。体内外均可进行标记,且可同时使用其他标记进行检测。

4. Ki67 免疫法

细胞增殖因子 Ki67 是一种标记细胞增殖状态的核抗原,主要表达于 G1 期、S 期、G2 期及有丝分裂间期的细胞,但在 G0 期即静息状态的细胞中不表达。由于与细胞增殖密切相关,Ki67 常用于检测肿瘤细胞的生长指数,可作为癌细胞增殖活性的标记。

细胞周期研究技术

一、细胞周期的概述

细胞周期指的是细胞分裂结束到下一次细胞分裂结束所经历的过程。一个细胞周期就是一个细胞的整个生命过程。细胞经过一个周期运转,由一个细胞变成两个细胞。

完整的细胞周期包括 G1 期(分裂完成到 DNA 合成复制之前)、S 期(DNA 复制阶段)、G2 期(DNA 复制完成到分裂之前)、M 期(又称 D 期,分裂开始到结束)。如图 4.3 所示,细胞中 1 条染色单体在 DNA 合成复制后变成 2 条,在 M 期染色体分离,然后随着染色体解聚和胞质分裂,最终形成 2 个新的子细胞,每个子细胞各含 1 条染色单体。G0 期指具有分裂能力的组织中的细胞暂时脱离细胞周期,进入停止细胞分裂的时期。G0 期的细胞虽不分裂,但仍然活跃地进行代谢,执行特定的生物学功能。

细胞周期的长短与物种和细胞类型有关,G1 期差异较大。真核细胞周期一般为 24 h,G1 期占 12 h,S 期占 6~8 h,G2 期占 3~4 h, M 期最短,为 0.5~4.5 h。

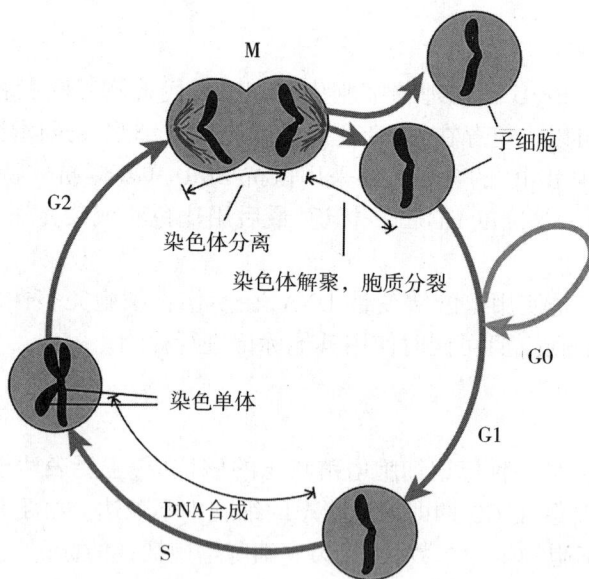

图 4.3 真核细胞细胞周期

二、同步化技术

在一般培养条件下,群体中的细胞处于不同的细胞周期时期之中。为了研究某一时期细胞的代谢、增殖、基因表达或凋亡,常需采取一些方法使细胞处于细胞周期的同一时期,这就是细胞同步化技术。

细胞周期同步化的方法主要分为自然同步化和人工同步化。在实际工作中,以人工同步化为主,也可几种方法并用,以获得数量多、同步化效率高的细胞。

1. 自然同步化

在自然界中已经存在一些细胞群体处于细胞周期的同一时期的例子,如多核体(如黏菌、疟原虫),水生动物受精卵,真菌休眠孢子。

2. 人工同步化

人工同步化分为人工选择同步化和人工诱导同步化。

(1)人工选择同步化

人工选择同步化是指人为地将处于细胞周期不同时期的细胞分离开来,从而获得不同时期的细胞群体。例如,处于对数生长期的单层培养细胞,细胞分裂活跃,大量处于分裂期的细胞变圆,从培养瓶(皿)壁上隆起,对培养瓶(皿)壁的附着力减弱。若轻轻振荡培养瓶(皿),处于分裂期的细胞即会从瓶(皿)上脱落,悬浮到培养液中。收集培养液,通过离心,即可获得一定数量的分裂期细胞。将这些分裂期细胞重新悬浮于一定体积的培养液中培养,细胞即开始分裂,由此可以获得不同时期的细胞。

此方法的优点是操作简单,同步化程度高,细胞不受药物伤害,能够真实反映细胞周期状况;缺点是单次分离获得的细胞数量较少,因为分裂期细胞仅占 1%~2%。

(2)人工诱导同步化

细胞同步化可以通过人工诱导来获得,即通过药物诱导,使细胞同步化在细胞周期的某个特定时期。目前应用较广泛的诱导同步化方法主要有三种,包括 DNA 合成阻断法(S 期同步化),分裂中期阻断法(M 期同步化)和血清饥饿法。

①DNA 合成阻断法

DNA 合成阻断法指采用低毒或无毒的 DNA 合成抑制剂,将细胞抑制在 DNA 合成期,从而实现同步化。目前采用最多的 DNA 合成抑制剂为胸腺嘧啶核苷(以下称 TdR)或羟基脲。以 TdR 双阻断法为例:将一定剂量的 TdR 加入培养液,凡处于 S 期的细胞立刻被抑制,而其他各期的细胞照常运转。培养一段时间(G2 期+M 期+G1 期)后,其余所有细胞则被抑制在 G1 期和 S 期的交界处。此时细胞总体所处的时间区段仍然较宽,为了进一步同步化,需要洗脱 TdR 进行培养,并且在细胞进入下一个 S 期前再次加入 TdR,使所有细胞被抑制在 G1 期和 S 期交界处,从而实现同步化。

此方法的优点是同步化程度高,几乎适合于所有体外培养的细胞系;缺点是产生非均衡生长,个别细胞体积增大。

②分裂中期阻断法

某些药物,如秋水仙素和诺考达唑等,可以抑制微管聚合,因而能有效地抑制细胞纺锤体的形成,将细胞阻断在细胞分裂中期。处于间期的细胞,受药物的影响相对较弱,常可以继续运转到 M 期。因而,在药物持续存在的情况下,处于 M 期的细胞数量会逐渐累加。通过轻微振荡,将变圆的 M 期细胞摇脱,经过离心,可以得到大量的分裂中期细胞。将分裂中期细胞悬浮于新鲜培养液中继续培养,它们可以继续分裂并沿细胞周期同步运转,从而获得 G1 期不同阶段的细胞。

此方法的优点是操作简便,效率高,特别便于观察染色体;缺点是这些药物毒性相对较大,可逆性较差,需要严格控制用量和时间。

③血清饥饿法

G0 期细胞只是暂时脱离细胞周期,但并未彻底失去分裂功能。一旦得到信号指使,G0 期细胞会快速返回细胞周期,进行分裂增殖。因此,可以采用血清饥饿的方式,使用处于对数生长期的细胞,并用含 0.5%～1% 小牛血清的培养基来培养细胞 48～72 h,或用无血清的培养基培养 24 h。用 0.25% 胰蛋白酶消化细胞可收获 G0 期细胞。

三、细胞周期调控机制

1. 细胞周期检验点

细胞周期检验点包括感受器、信号传导通路、效应器,主要检验点包括以下几个:

(1)G1/S 检验点:DNA 是否损伤? 细胞外环境是否适宜? 细胞体积是否足够大?

(2)S 期检验点:DNA 复制是否完成?

(3)G2/M 检验点:DNA 是否损伤? 细胞体积是否足够大?

(4)中-后期检验点:纺锤体组装检验点。

2. 细胞周期停滞

当细胞受到 DNA 损伤时,细胞周期会停滞在 G1 期,也可以停滞在 G2 期;当 DNA 复制异常,细胞周期会停滞在 S 期;当纺锤体形成不正常,细胞周期会停滞在 M 期(图 4.4)。

3. 细胞周期调控蛋白

细胞周期的运转是一个有序的基因调控过程,从 G1 期→S 期→G2 期→M 期,周而复始。这是与细胞周期相关的基因在时间和空间上进行有序表达的结果,已有研究发现在不同时期有调控细胞周期的特定蛋白,统称为细胞周期调控蛋白(图 4.5)。

(1)细胞周期蛋白依赖性激酶

细胞周期蛋白依赖性激酶(CDK)是一组丝氨酸/苏氨酸蛋白激酶,和细胞周期蛋白(cyclin)协同作用,由于受细胞周期蛋白的激活而得名,是细胞周期调控中的重要因子。CDK

可以和 cyclin 结合形成异二聚体,其中 CDK 为催化亚基,cyclin 为调节亚基,不同的 cyclin-CDK 复合物通过 CDK 活性调节不同底物磷酸化,而实现对细胞周期不同时期的推进和转化作用。CDK 的活性依赖于其正调节亚基 cyclin 的顺序性表达和其负调节亚基 CDK 抑制因子(CDI)的浓度。同时,CDK 的活性还受到磷酸化和去磷酸化,以及癌基因和抑癌基因的调节。在哺乳动物中已知 9 种 CDK(1~9),均含 PSTAIRE 保守序列,该序列可与 cyclin box 结合。

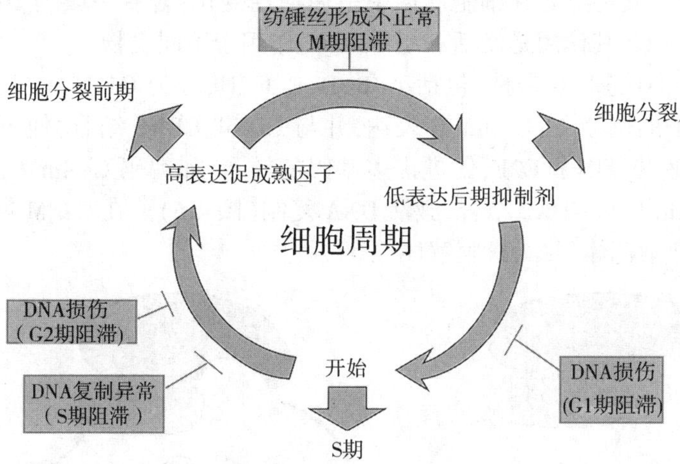

图 4.4　细胞周期停滞发生的几种情况

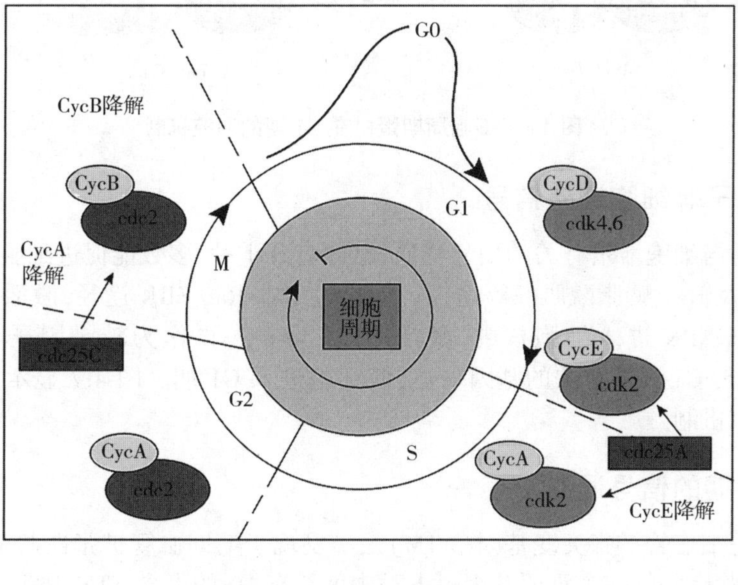

图 4.5　细胞周期调控蛋白

(2)细胞周期蛋白依赖性激酶抑制因子

细胞周期蛋白依赖性激酶抑制因子(CKI)是细胞内存在的能与 CDK 结合能够并抑制其活性的一类蛋白质,对细胞周期起负调控作用,分为两种:一种是 Ink4,例如 p16,特异性抑制 CDK4/CDK6 阻断 E2F 转录因子的激活,负调控正常细胞的增殖。另一种是 Kip,抑制大多数

CDK 的激酶活性,包括 p21、p27、p57 等,其中 p21 还能与 DNA 聚合酶 δ 的辅助因子 PCNA 结合,直接抑制 DNA 的合成。

(3) 细胞周期蛋白

细胞周期蛋白(cyclin)是一类普遍存在于真核细胞中,在细胞周期进程中可周而复始地出现及消失的蛋白质。其特点是在细胞周期中呈周期性变化,含有一段约 100 个氨基酸的保守序列,称为周期蛋白框,其作用是激活和引导 CDK 作用于不同底物。

细胞周期蛋白种类已知 30 余种,包括 A、B、D、E、G、H,分为 G1 型、G1/S 型、S 型、M 型。在 G1 期,在生长因子的刺激下,Cyclin D 表达,并与 CDK4、CDK6 结合,使下游的蛋白质(如 Rb 蛋白)磷酸化,释放转录因子 E2F,促进许多基因的转录,如编码 Cyclin E、A 和 CDK1 的基因。在 G1/S 期,Cyclin E 与 CDK2 结合,激活 DNA 复制(图 4.6)。在 G2/M 期,CyclinA、Cyclin B 与 CDK1 结合,引起染色体凝缩、核膜解体等。

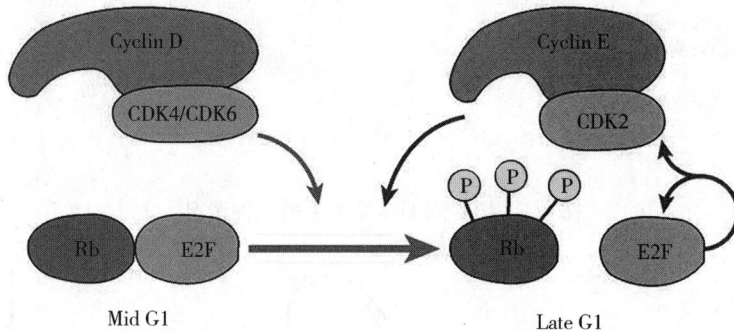

图 4.6　细胞周期蛋白在 G1 期的调控机制

4. 生长因子等细胞增殖信号

生长因子是与细胞增殖有关的信号物质,已知有几十种,多数能促进细胞增殖。其作用方式为旁分泌,涉及 Ras、磷脂酰肌醇等途径。如通过 Ras/Raf/ERK 途径,激活丝裂原活化蛋白激酶(MAPK),MAPK 进入细胞核内,激活 c-myc,c-myc 再作为转录因子促进 CDK4/6 和 CyclinD、E2F 等与 G1/S 期有关的基因表达,使细胞进入 G1 期。图 4.7 显示的是生长因子对细胞周期的调控机制。

5. 细胞周期的信号通路

共济失调毛细血管扩张突变基因(ATM)最早发现于毛细血管扩张性共济失调症患者,是与 DNA 损伤检验有关的一个重要基因。人类中大约有 1% 的人含 ATM 缺失的杂合子,表现出对电离辐射敏感和易患癌症。正常细胞经放射处理后,DNA 损伤会激活修复机制,如 DNA 不能修复则诱导细胞凋亡。

ATM 是直接感受 DNA 双链断裂损伤并起始诸多 DNA 损伤信号反应通路的主开关分子。ATM 编码一个蛋白激酶,结合在损伤的 DNA 上,其信号通路有两条:一条是激活 Chk1,使 cdc25 的 Ser216 磷酸化失去活性,抑制 M-CDK 的活性,中断细胞周期;另一条是激活 Chk2,使 p53 被磷酸化而激活,然后 p53 作为转录因子导致 p21 表达升高,最终导致了细胞周期阻滞。

已有研究发现,在 DNA 损伤生物学反应中,ATM 可通过磷酸化活化 p53,p53 作为转录因子介导多条信号通路,不但会引起细胞周期阻滞,还会影响细胞凋亡、DNA 损伤等效应(图 4.8)。

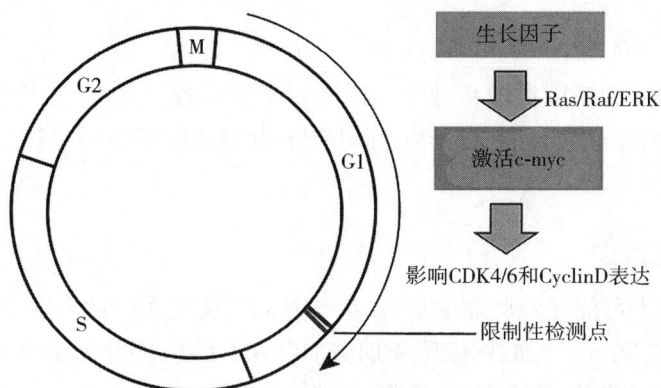

图 4.7　生长因子对细胞周期的调控机制

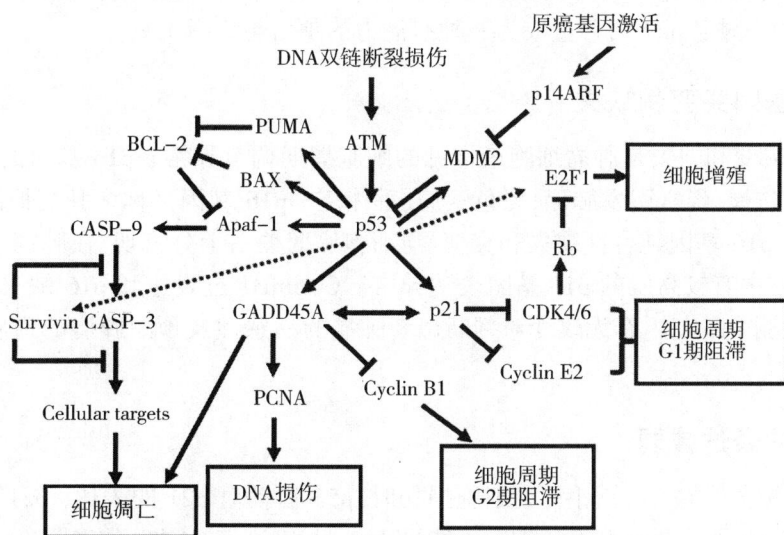

图 4.8　由 p53 介导的细胞生命活动

四、细胞周期与肿瘤的发生

细胞周期的异常与肿瘤的发生发展密切相关。当负责调节细胞周期,或者参与细胞周期检验点调控的蛋白质编码基因受到破坏时,这些蛋白质产物失去原有的功能而造成细胞周期不断地进行。当细胞发生恶性转化时,丧失某些细胞周期的控制点调控,特别是 G1/S 期和 G2/M 期交界控制点的蛋白编码基因在癌细胞中错位甚至缺失,使细胞生长和分裂对外界信号不敏感;或丧失对 DNA 损伤的反应性,使未经修复的 DNA 复制,以致细胞中突变积累,造成基因不稳定和染色体异常,出现肿瘤表型。

1. Cyclin 和 CDK 的过度表达

CyclinD1 和 CDK4 的基因扩增和过度表达是较常见的致瘤性变化,而且与肿瘤的进展有关。CyclinD1 在部分乳腺癌、胃癌、食管癌、非小细胞肺癌及喉鳞癌中呈过度表达,且与临床预后不良相关。

2. p27 的表达减少

p27 蛋白表达减少可能导致肿瘤的形成,但与基因突变无关。p27 与细胞周期中控制细胞停留在 G1 期有关,p27 表达增加,则细胞周期被抑制在 G1 期,因此细胞较稳定,不易进行细胞分裂;反之,若 p27 表达减少,则细胞活性高,易进行细胞分裂。

因此,在较为活跃的肿瘤细胞中 p27 的含量较少,肿瘤细胞增生快,反之,在较不活跃的肿瘤细胞中 p27 的含量较多,则此肿瘤细胞就较稳定可能为良性,不易增生与扩散。目前的资料显示,乳癌、结肠癌、前列腺癌、食管癌、胃癌、肺癌、卵巢癌、子宫癌、皮肤癌及某些白血病都与 p27 的表达有关,测定 p27 的含量成为一种有潜力的预后与诊断工具。

3. p16 基因突变和缺失

p16 基因突变和缺失是肿瘤细胞最常见的细胞周期调节异常。p16 基因的缺少或变异会导致各种肿瘤进展,经常引发肺癌、黑色素瘤、垂体瘤。p16 基因又称多肿瘤抑制基因,75%的肿瘤细胞系有 p16 基因纯合性缺失和突变,与细胞癌变关系十分密切,在肺癌、肝癌、胰腺癌、卵巢癌、乳腺癌中有较高发的 p16 基因表达异常。CyclinD1 过表达和 p16 缺失在肿瘤中普遍共同存在。检测 p16 基因有无改变对判断患者肿瘤的易感性及预测肿瘤的预后,具有重要的临床意义。

4. p21 的表达减弱

p21 是最先发现的 CKI 基因,当细胞损伤时,p53 启动对 p21 的表达,p21 抑制 Cyclin E-CDK2 活性,使 Rb 蛋白低磷酸化,细胞不能进入 S 期,停滞于 G1 期,使细胞生长停止。p21 几乎能抑制所有的 Cyclin-CDK 复合体,如 Cyclin E-CDK2, Cyclin D-CDK4, Cyclin A-CDK2 等。推测 p21 在细胞周期的多个环节发挥作用,被认为是潜在的抑癌基因。在乳腺癌中 p21 失表达与淋巴结转移、术后生存期短有关。大多数肿瘤中未发现 p21 突变,但存在多态性改变,使其表达减弱。

五、细胞周期的测定方法

进行细胞周期研究,常采用流式细胞术测定细胞周期各时期细胞的数量变化,利用蛋白质免疫印迹法分析调控细胞周期的蛋白表达变化及信号通路,可以利用荧光染色分析细胞周期阻滞情况。

1. 流式细胞术

使用碘化丙啶(PI)/RNA 酶(RNase),利用流式细胞术检测细胞周期各时期细胞的百分比,以此分析细胞周期的运转或停滞情况,常用细胞周期的变化反映细胞增殖的情况。

例如,利用流式细胞术检测细胞周期各时期细胞数量占比,与对照组相比发现硫丹实验组能够引起 G1 期细胞数量占比增加,S 期细胞数量占比降低,提示在实验组诱导细胞周期 G1/S 期停滞(图 4.9)。

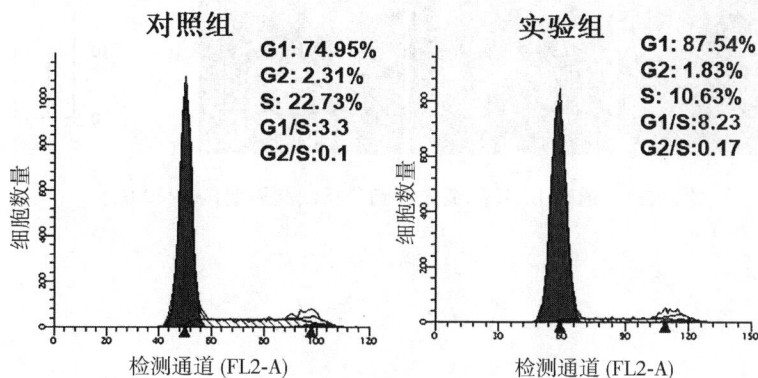

图 4.9　利用流式细胞术检测细胞周期

2. 蛋白检测

利用蛋白质免疫印迹等技术,检测细胞周期调控蛋白和信号通路相关蛋白的表达变化,从而分析细胞周期的变化。

例如,miR-22 诱导细胞周期阻滞,检测细胞周期调控重要基因 p53 和 p21 的蛋白表达,发现其表达显著升高(图 4.10)。

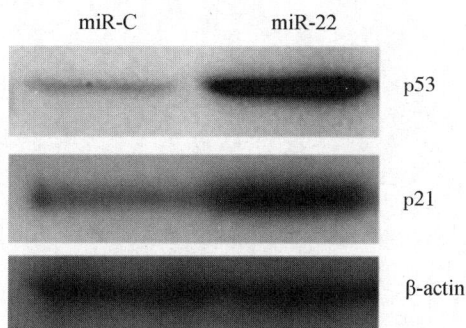

图 4.10　miR-22 影响细胞周期调控的蛋白表达

3. 荧光染色观察

BrdU 能掺入增殖细胞的 DNA 中,可通过对 BrdU 的荧光检测,从而对 DNA 的合成量进行测定,反映 DNA 合成情况和 S 期细胞数量,从而分析细胞周期的变化。

例如,在细胞转染后,对 BrdU 的荧光检测,与对照组相比发现 miR-22 转染的实验组能够引起 BrdU 的荧光强度明显降低,提示 DNA 合成受到抑制,细胞周期阻滞(图 4.11)。

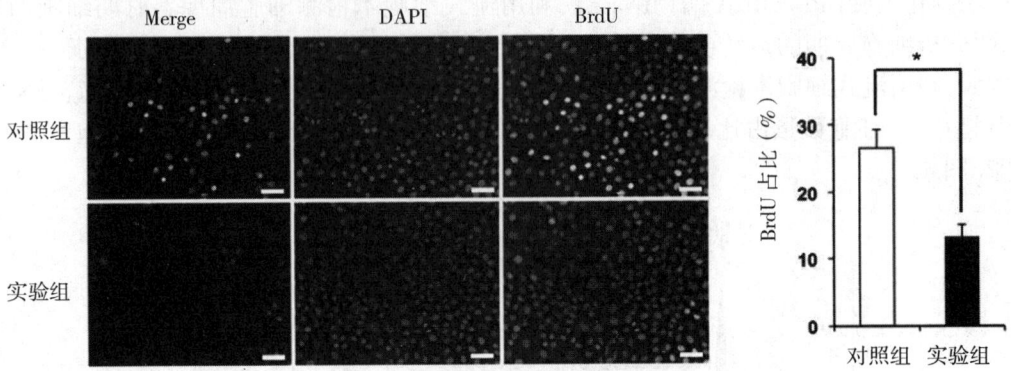

图 4.11　通过 BrdU 的荧光检测分析细胞周期(＊$P<0.05$)

第三节

细胞凋亡研究技术

一、细胞凋亡的概述

细胞凋亡是一个主动的、由基因决定的自动结束细胞生命的过程,此过程特别有秩序、有控制,是受到严格的遗传机制决定的程序性死亡。

人体内的细胞注定是要死亡的,有些死亡是生理性的,有些死亡则是病理性的。因整体生长发育或存活等正常生理活动需要,一部分细胞在规定的时间有序地死亡。例如人的红细胞通常工作 120 天,分化成熟后失去细胞核就自然凋亡。胃肠道黏膜上皮细胞经常凋亡脱落,又会有新的上皮细胞更新替代。进入胸腺的 T 细胞只有 5% 左右发育成熟送往外周血中,其余约 95% 在胸腺中凋亡。T 细胞杀伤靶细胞的机制就会诱发靶细胞凋亡。

细胞凋亡是细胞的一种基本生物学现象,在多细胞生物去除不需要的或异常的细胞中起着必要的作用。它在生物体的进化、内环境的稳定、保持成体器官的正常体积、更新衰老耗损的细胞以及系统的发育中起着重要的作用。细胞凋亡不仅是一种特殊的细胞死亡类型,而且具有重要的生物学意义及复杂的分子生物学机制。

二、细胞凋亡的特点

1. 形态结构变化

细胞核中出现染色质断裂,细胞质中细胞器改变,包括线粒体增大、嵴增多、空泡化,内质网腔扩大,细胞膜表面微绒毛和细胞间连接减少,凋亡小体形成等。细胞凋亡时,胞膜始终保持完整,胞膜内陷将细胞内容物包被成一些囊状小体,这些小体被称为凋亡小体。

形态学观察细胞凋亡的变化是多阶段的,首先出现的是细胞体积缩小,细胞与其周围的细胞脱离,然后是细胞质密度增加,线粒体膜电位消失,通透性改变,释放细胞色素 C 到胞浆,核质浓缩,核膜核仁破碎;胞膜有小泡状形成,膜内侧磷脂酰丝氨酸外翻到膜表面,胞膜结构仍然完整,最终可将凋亡细胞分割包裹为几个凋亡小体,无内容物外溢,因此不引起周围的炎症反应,凋亡小体可迅速被周围吞噬细胞吞噬。

2. 生物化学改变

(1) DNA 的片段化

细胞凋亡的一个显著特点是细胞染色体的 DNA 降解,这是一个较普遍的现象。这种降解非常特异并有规律,在琼脂糖凝胶电泳中呈现特异的梯状条带。由于核酸内切酶的作用,DNA 形成大小为 180~200 bp 整倍数的特征性的 DNA 梯状条带,尽管不是所有细胞凋亡都出现这种梯状条带,但这是细胞凋亡的特征之一。

(2) 大分子合成

细胞凋亡的生化改变不仅仅是 DNA 降解,在细胞凋亡的过程中往往还有新的基因表达和某些生物大分子的合成作调控因子。

三、细胞凋亡与细胞坏死的区别

细胞的死亡主要有两种方式,即细胞坏死与细胞凋亡。细胞坏死是细胞受到强烈物理、化学或生物因素作用引起细胞无序变化的死亡过程。细胞凋亡是细胞感受到环境的生理性或病理性刺激信号,对环境条件的变化或缓和性损伤产生应答的有序变化的死亡过程。

1. 形态学变化比较

细胞坏死表现为细胞器肿胀,细胞膜破裂,内容物外溢,引起局部严重的炎症反应。细胞凋亡的细胞及组织的变化与坏死有明显的不同,表现为细胞皱缩、染色质浓缩、核碎裂、细胞膜内陷、凋亡小体出现,被巨噬细胞吞噬(图 4.12)。

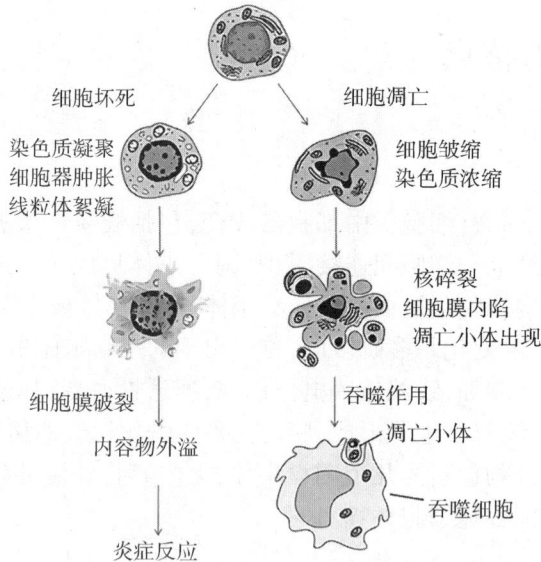

图 4.12　细胞凋亡与细胞坏死的形态学变化比较

2. 其他方面比较

细胞凋亡与细胞坏死在核基因表达、核 DNA 损伤、线粒体损伤、酶的激活、细胞内环境和膜功能等方面有明显的区别(表 4.1)。

表 4.1　细胞凋亡与细胞坏死的区别

比较内容	细胞凋亡	细胞坏死
1. 核基因表达	需要	不需要
2. 核 DNA 损伤	DNA 断裂,呈 180 bp 片段,电泳出现梯形条带	DNA 无规律性断裂,电泳出现连续性拖带
3. 线粒体损伤	不发生	早期即发生
4. 酶的激活 (1) DNA 酶 (2) Caspase (3) 谷氨酰转移酶	必须	不必须
5. 细胞内环境 (1) pH 值 (2) Ca^{2+} (3) Na^+/K^+	弱酸性(pH 值为 6.4) 常升高 基本完好	酸性 一定升高 丧失功能
6. 膜功能	完好	丧失功能

四、诱导和抑制细胞凋亡的因素

(1) 物理因素:紫外线、γ 射线,可诱导凋亡。

(2) 激素:糖皮质激素对淋巴细胞具有诱导作用,某些激素(促肾上腺皮质激素、睾酮、雌激素等)可防止靶细胞凋亡。

(3) 细胞因子:某些靶细胞表面具有肿瘤坏死因子(TNF)受体,可受 TNF 的诱导发生凋亡,神经生长因子(NGF)抑制细胞凋亡。

(4) 免疫因素:T 细胞抗原受体(TCR)、Fas(又称 Apo-1)诱导胸腺细胞凋亡。

(5) 细胞毒性药物:抗肿瘤药物通过干扰肿瘤细胞生长、代谢、增殖等过程,导致细胞凋亡。

(6) 微生物因素:细菌、病毒等可诱导细胞凋亡,当感染艾滋病病毒(HIV)时,大量 CD_4^+ 淋巴细胞凋亡。

(7) 蛋白激酶 C(PKC)激活剂、内切核酸酶可因受到锌的抑制而减少细胞凋亡。

五、细胞凋亡的基本机制

1. 线虫细胞凋亡机制

在线虫成体 1 090 个细胞中有 131 个细胞在线虫发育过程中注定要程序性死亡,已经证明有 11 种基因与该程序性死亡有关,其中 *ced-3*、*ced-4* 和 *ced-9* 这三个基因至关重要。与程序性死亡的开始有关,促进凋亡的是 *ced-3* 和 *ced-4*,抑制细胞凋亡的是 *ced-9*。

正常情况下,*ced-9*+*ced-4* 结合 *ced-3*,*ced-3* 不激活。细胞凋亡信号会引起 *ced-9* 在上述复合体上解离下来并激活 *ced-3*,最终发生凋亡。

线虫细胞凋亡大致有四个过程,分为凋亡决定、凋亡执行、吞噬、降解(图 4.13),每个过程都有特定的基因调控。

细胞凋亡的启动是细胞在感受到相应的信号刺激后胞内一系列控制开关的开启或关闭,不同的外界因素启动凋亡的方式不同。在线虫中,当生长发育需要时会启动凋亡决定,专属的信号通路尚不清楚,但在外界环境的刺激下,均可通过影响 *egl-1*、*ced-9*、*ced-4*、*ced-3* 这些凋亡执行基因发生细胞凋亡。负责调控吞噬作用的基因分两组,一组是 *ced-1*、*ced-6*、*ced-7*;另一组是 *ced-2*、*ced-5*、*ced-12*,他们都通过激活 *ced-10* 发挥作用。在降解阶段,主要有 *nuc-1*、*cps-6*、*wah-1*、*crn-1* 基因参与降解过程。

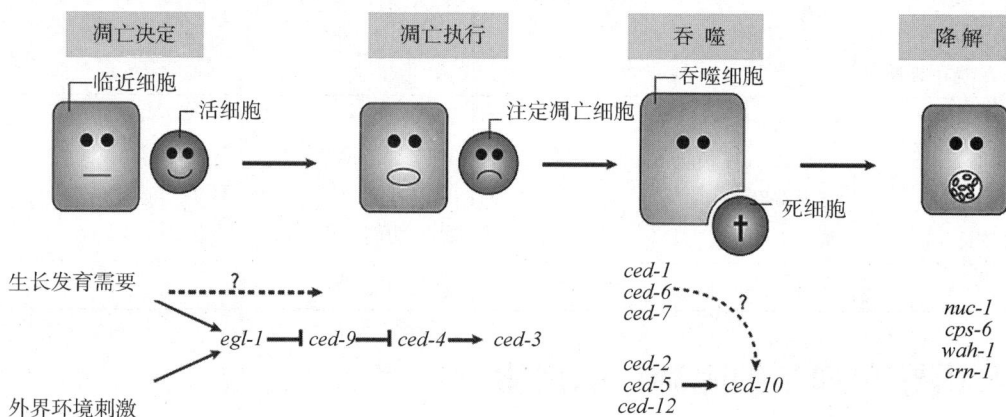

图 4.13 线虫细胞凋亡的基因调控过程

2. 细胞凋亡相关基因

细胞凋亡调节基因主要负责调节细胞凋亡的发生和过程,如 Bcl-2 家族基因、p53 等。细胞凋亡信号转导基因是在细胞凋亡信号转导途径中作为新响应器、信号发生器等的基因,如含半胱氨酸的天冬氨酸蛋白水解酶(Caspases)家族基因、多聚二磷酸腺苷核糖聚合酶(PARP)基因、Fas/CD95 基因等。

Bcl-2 家族有众多成员,如 Mcl-1、Bcl-w、Bcl-x、Bax、Bak、Bad、Bim 等,它们既有抗凋亡的作用,也有促凋亡的作用。其中,Bcl-2 通过阻止线粒体细胞色素 C 的释放而发挥抗凋亡的作用。当诱导凋亡时,Bax 从胞液迁移到线粒体和核膜,促进细胞凋亡,因此常用 Bax/Bcl-2 比值变化反映细胞凋亡情况。

根据作用不同,细胞凋亡基因可分为诱导凋亡基因(*ced-3*、*ced-4*、野生型 p53、TNF、Bax、Bad、Fas、TGF-β_1)和抑制凋亡基因(*ced-9*、突变型 p53、Ras、Bcl-2、Bcl-xl、Rb;*c-myc*),它们既是凋亡的激活因子又是抑制因子。

在基因同源性上,哺乳动物 Bcl-2 基因与线虫 *ced-9* 基因同源,在结构和功能上也相似;哺乳动物 Apaf-1 基因与线虫 *ced-4* 基因同源;哺乳动物 Caspases 基因与线虫 *ced-3* 基因同源,*ced-3* 是一个蛋白酶,激活的 *ced-3* 可以水解靶蛋白从而使细胞凋亡。

3.细胞凋亡信号通路

细胞凋亡信号通路主要有内源性和外源性两种(图4.14),内源性凋亡信号通路受到辐射或化学物质刺激,通过线粒体介导激活 Caspase-9,从而激活 Caspase-3;外源性凋亡信号通路通过细胞膜表面受体(如 Fas)激活 Caspase-8,从而激活 Caspase-3,诱导细胞凋亡。

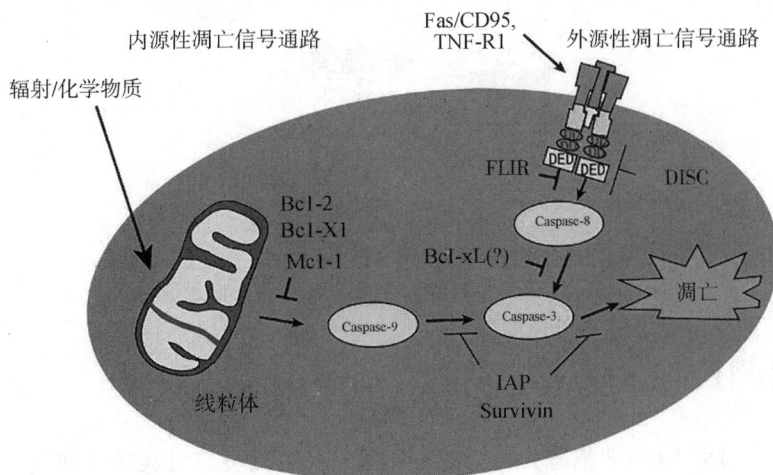

图4.14　细胞凋亡的经典信号通路

线粒体是细胞凋亡调控中心,细胞色素 C 从线粒体释放是细胞凋亡的关键步骤。在外界刺激因素下,细胞色素 C 从线粒体释放到细胞浆,细胞色素 C 在去氧腺苷三磷酸(dATP)存在的条件下能与凋亡相关因子1(Apaf-1)结合,使其形成多聚体,并促使 Caspase-9 与其结合形成凋亡小体,Caspase-9 被激活,被激活的 Caspase-9 能激活其他的 Caspases 如 Caspase-3 等,从而诱导细胞凋亡。有研究发现,p53 参与调控凋亡相关基因表达,包括 Bax、PUMA、Apaf-1 等(图4.15)。

Fas 又称 CD95,是一种跨膜蛋白,属于肿瘤坏死因子受体超家族成员,是由325个氨基酸组成的受体分子,Fas 一旦和配体 FasL 结合,可通过 Fas 分子启动致死性信号转导,最终引起细胞一系列特征性变化,使细胞凋亡。

六、细胞凋亡与肿瘤

肿瘤生长速度取决于肿瘤细胞的增殖与死亡速度之比,细胞凋亡在肿瘤演进中具有重要作用;细胞凋亡是防止肿瘤生成的主要方法,细胞凋亡使有 DNA 损伤又无法修复的细胞死亡,但如果细胞凋亡抑制或失效,不能清除突变的细胞则促进肿瘤的产生。从细胞凋亡的角度看,肿瘤的发生是细胞凋亡机制受到抑制不能正常进行细胞死亡清除的结果。因此,通过细胞凋亡角度和机制来设计对肿瘤的治疗就是重建肿瘤细胞的凋亡信号传递系统,即抑制肿瘤细胞的生存基因的表达,激活死亡基因的表达。

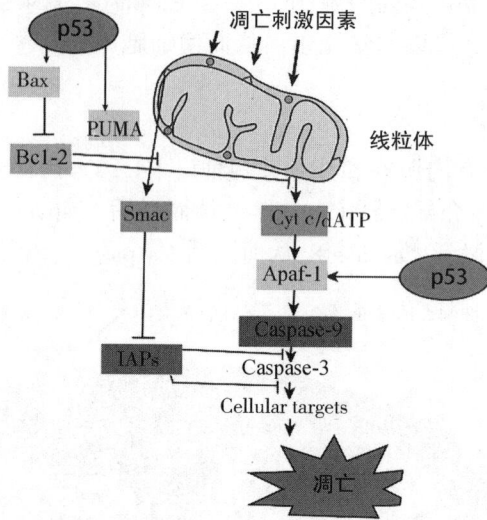

图 4.15　线粒体介导的 p53 参与细胞凋亡信号通路

七、细胞凋亡检测方法

目前至少有十几种检测细胞凋亡的方法,细胞凋亡检测可以分析单个细胞,也可以分析细胞群。从大框架上讲,细胞凋亡检测方法可以划分为基于细胞形态、基于细胞功能和基于生化标记三大类(图 4.16)。

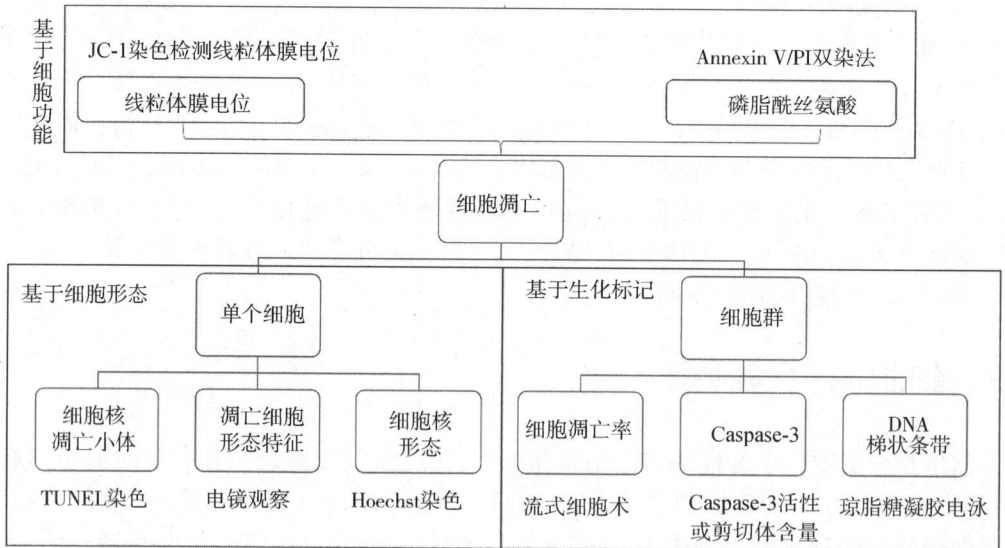

图 4.16　细胞凋亡检测方法

1. 基于细胞形态的方法

TUNLE 染色即原位末端转移酶标记技术。凋亡细胞的 DNA 双链断裂或一条链出现缺口,产生一系列 3′-OH 末端,在末端脱氧核糖核苷酸转移酶(TdT)的作用下,将脱氧核糖核苷酸和生物素所形成的衍生物标记到 DNA 的 3′末端,从而进行凋亡细胞的检测。TUNEL 染色是分子生物学与形态学相结合的研究方法,对完整的单个凋亡细胞核或凋亡小体进行原位染色,能准确地反映细胞凋亡最典型的生物化学和形态特征。

电镜检查是鉴定凋亡的金标准,能够较好地观察凋亡细胞的形态特征。凋亡细胞的一个形态学特征是染色质浓缩,且细胞核结构在凋亡后期崩解,因此,观察核形态是较为直接的指标。Hoechst 33342 是最为方便的染料,可自由穿透细胞膜,直接对核染色。

2. 基于细胞功能的方法

(1) 线粒体膜电位检测

凋亡过程常涉及线粒体功能的失调,包括线粒体膜电位差的降低甚至丢失。JC-1 染料是一种对电位敏感的染料,在低线粒体膜电位差的情况下,JC-1 染料以单体存在,488 nm 激光激发后呈绿色荧光;在高线粒体膜电位差的情况下,JC-1 形成 J-聚集物,488 nm 激光激发后呈红橙色荧光。因此,常用 JC-1 染色检测线粒体膜电位的变化。

(2) 磷脂酰丝氨酸检测

在正常细胞中,细胞膜上的磷脂酰丝氨酸(PS)位于胞浆侧。凋亡早期,膜不对称性丢失,PS 外翻而暴露于胞膜外表面被巨噬细胞特异性地识别与清除。Annexin V 是一种对 PS 具有高度亲和力的磷脂结合蛋白,因此,可以用 FITC 荧光标记的 Annexin V 检测 PS 的外翻。碘化丙啶(PI)不能通过活细胞膜,但能穿过破损的细胞膜而对核染色,因此可以识别损伤细胞,目前常使用 Annexin-V/PI 染色法分析细胞凋亡。如图 4.17 所示,根据实验结果判断,可分为 4 个细胞亚群,在 4 个象限里,左下角是正常活细胞,Annexin 阴性(-)/PI 阴性(-);左上角是损伤死细胞,Annexin 阴性(-)/PI 阳性(+);右下角是早期凋亡细胞,Annexin 阳性(+)/PI(-);右上角是晚期凋亡细胞或继发性坏死,Annexin 阳性(+)/PI 阳性(+)。

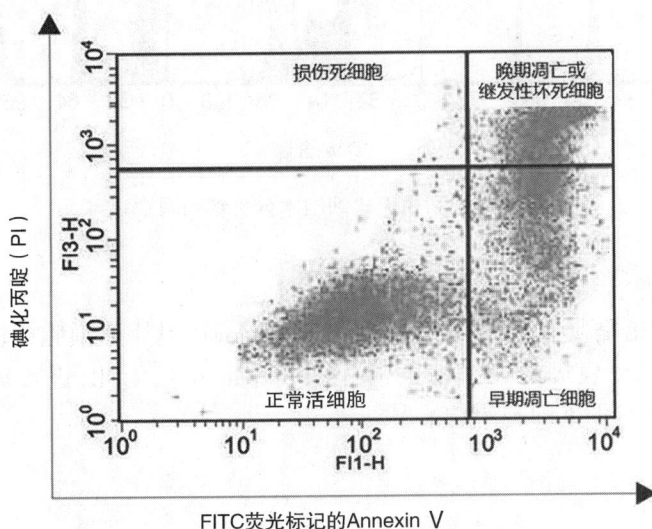

图 4.17　利用 Annexin-V/PI 法检测细胞凋亡的结果

3. 基于生化标记的方法

本方法主要依据 DNA 特征性降解和酶学变化,包括流式细胞术分析、检测 Caspase-3 活性或剪切体含量、电泳分析 DNA 梯状条带。

(1) 细胞凋亡率测定

利用流式细胞术,用 PI 染色法分析凋亡细胞占比即细胞凋亡率。正常情况下可以观察到有两个峰,G1 期的细胞峰和 G2/M 期的细胞峰(图 4.18a),但若发生细胞凋亡,则在 G1 期的细胞峰前面出现典型的 Ap 峰(图 4.18c),由此可以计算细胞凋亡率。

(2) 凋亡分子标记检测

在绝大多数情况下,所有的凋亡信号都会汇集到凋亡的最终执行者 Caspase-3,因此利用 Caspase-3 试剂盒、免疫组化或免疫荧光检测 Caspase-3 活性或做 Western blot 检测 Caspase-3 剪切体的蛋白表达情况。

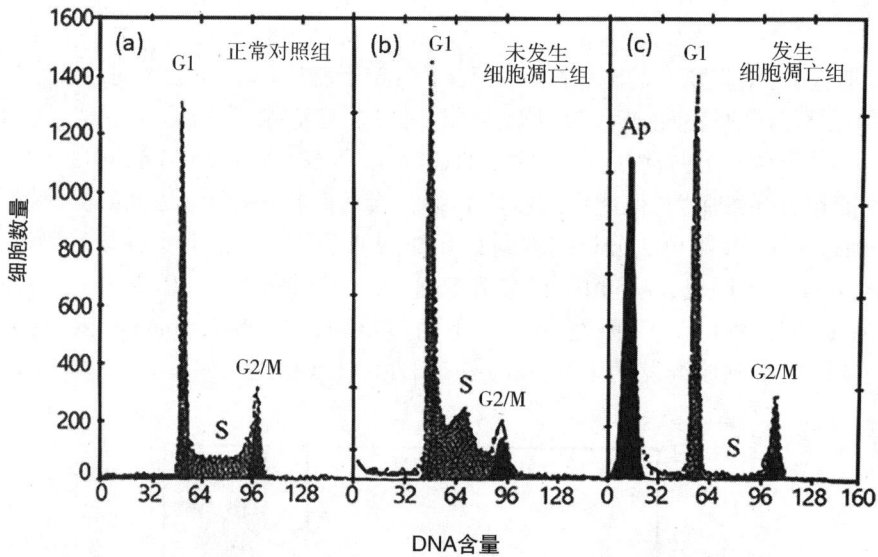

图 4.18 利用流式细胞术分析细胞凋亡

(3) DNA 损伤检测

凋亡细胞的电泳谱呈典型的梯状条带(ladder pattern),但坏死细胞或凋亡后期继发性坏死细胞 DNA 电泳后则成模糊的连续性条带(smear pattern),因此,进行琼脂糖电泳观察到 DNA 梯状条带可提示发生了细胞凋亡情况。

第四节
细胞衰老研究技术

一、细胞衰老概述

1.细胞衰老的含义

细胞衰老又称老化,在细胞生命活动中,随着时间的推移,细胞增殖与分化能力和生理功能逐渐发生衰退,这是不可逆的生命过程。正常细胞都有着明显的衰老、退化和死亡过程,如人正常二倍体成纤维细胞在体外培养条件下具有增殖分裂的极限,一般可传代50次左右,然后停止分裂增殖,开始老化。

2. 细胞衰老与机体衰老

细胞的分裂能力与个体的年龄有关,体外培养的细胞增殖传代的能力也反映细胞在体内的衰老状况。能够保持持续分裂的细胞是不容易衰老的,不分裂的细胞寿命却是有限的。细胞的衰老控制着细胞的分裂次数,进而控制着细胞的数量,机体的衰老始于细胞的衰老。

机体衰老的基础是细胞的衰老。机体的衰老是构成机体的细胞在整体、系统或器官水平的衰老,但不等于构成机体的所有细胞都发生了衰老。正常生命活动中细胞衰老死亡与新生细胞生长更替是新陈代谢的必然规律,也避免了组织结构退化和衰老细胞的堆积,使机体延缓了整体衰老。

不同种类细胞的寿命和更新周期有很大的差别,如成熟粒细胞的寿命仅为10余小时,红细胞寿命约为4个月,胃肠道的上皮细胞每周需要更新1次,胰腺上皮细胞的更新需要50天,而皮肤表皮细胞的更新需要1~2个月。

3. 机体内各类细胞的寿命

(1)恒久组织细胞:细胞的寿命接近于机体的整体寿命,如神经元、骨骼肌细胞、心肌细胞等。

在机体出生后不再分裂增殖,数量不会增加,只是随着机体的生长而体积增大,又随着机体的衰老而体积缩小甚至死亡,数量也逐渐减少。其表现为机体失去皮下脂肪,肌肉松弛萎缩,脑功能衰退。当神经细胞、心肌细胞大量死亡时会造成机体死亡。

(2)稳定组织细胞:其寿命比机体的寿命短,更新缓慢,如肝细胞、胃壁细胞、肾细胞等。

(3)更新组织细胞:快速更新且寿命较短,如皮肤的表皮细胞、红细胞和白细胞等。

二、细胞衰老的典型特征

1. 形态学上的特征

形态学上的特征表现为细胞形态的变化和结构的退行性改变。
(1)细胞形态发生变化:扁平肥大或形状不规则。
(2)细胞内水分减少:细胞皱缩。
(3)色素生成和色素颗粒沉积:脂褐素在细胞内累积。
(4)细胞质膜的变化:流动性减低,细胞反应减弱,选择性通透能力下降。
(5)细胞核的变化:核膜内折,核膜崩解。
(6)细胞骨架的变化:微丝的结构成分改变和核骨架的变化。
(7)线粒体的变化:功能障碍,体积膨胀,数量减少,mtDNA 突变。
(8)染色质结构变化:染色质固缩,染色质重构,DNA 损伤,端粒缩短。

2. 生理学上的特征

生理学上的特征表现为细胞功能发生衰退与代谢低下。

细胞增殖速度减慢至停止生长,细胞周期停滞,细胞复制能力丧失,对促有丝分裂刺激的反应性减弱,对促凋亡因素的反应性改变;细胞内酶活性中心被氧化,酶活性降低,蛋白质合成下降,特异蛋白质的出现或原有蛋白质发生衰老有关的结构上的改变;细胞间通信改变,基因组稳定性丧失,发生表观遗传改变。

三、细胞衰老的机制与表型

1. 细胞衰老的机制

关于细胞衰老的机制有很多种学说,氧自由基学说认为细胞衰老是机体代谢产生的氧自由基对细胞损伤的积累。DNA 损伤衰老学说认为细胞衰老是 DNA 损伤的积累。基因衰老学说认为细胞衰老受衰老相关基因的调控。分子交联学说则认为生物大分子之间形成交联导致细胞衰老。

端粒学说提出细胞染色体端粒缩短的衰老生物钟理论,认为细胞染色体末端特殊结构——端粒的长度决定了细胞的寿命。人体染色体末端普遍存在端粒结构,端粒是染色体末端的特化结构,其 DNA 由简单的串联重复序列组成,它的作用类似于鞋带两头防止磨损的保护物(图 4.19)。高度分化的体细胞由于端粒酶活性处于抑制状态,细胞分裂时 DNA 不完全复制,而引起端粒 DNA 的少量丢失,不能靠端粒酶补偿,因此,随着细胞分裂次数增加,端粒不断缩短,染色体长度会越来越短,稳定性越来越差,最后会引发海弗里克(Harflick)极限,直至最终细胞衰老。

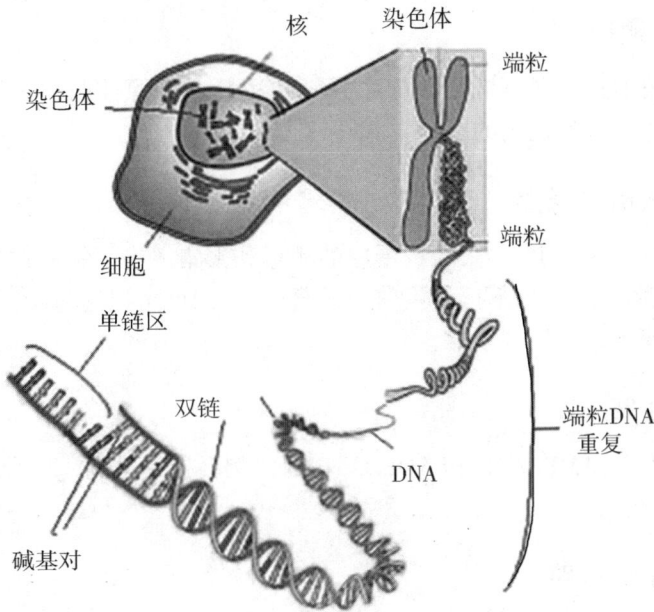

图 4.19　端粒是染色体末端的特化结构

2. 细胞衰老的表型

根据细胞衰老的原因,目前一共有 8 种细胞衰老的表型,包括氧化应激诱导细胞衰老、DNA 损伤诱导细胞衰老、复制性细胞衰老、致癌基因诱导细胞衰老、表观遗传诱导细胞衰老、化疗诱导细胞衰老、线粒体功能失调导致细胞衰老、旁分泌细胞衰老。

四、细胞衰老的信号通路

细胞衰老有 6 条关键性的信号通路。

1. DNA 损伤信号通路

在 DNA 损伤出现的时候,细胞能够激活 DNA 损伤应答,包括 DNA 损伤修复和细胞凋亡。对于 DNA 损伤修复,双链的 DNA 损伤是一个强有力的激活因素,在修复失效的时候能够导致细胞衰老。其中,组蛋白磷酸化型(γ-H_2AX)焦点或者 p53 的磷酸化通常作为细胞衰老的标志性变化。

2. 细胞周期信号通路

细胞衰老是一种永久性的细胞周期终止状态,主要包括 p53 和 pRb 信号通路,影响细胞周期相关蛋白表达。激活 p53 通路,可以引起 p53 和 p21 表达升高,有的导致 p53 磷酸化水平升高;激活 pRb 信号通路,可以引起 CDK4/6 和 pRb 磷酸化水平降低。

3.抗凋亡信号通路

细胞的凋亡会被细胞衰老所抵抗,因此,分析内源性和外源性凋亡信号通路和检测 Bcl-2 家族的表达变化是评价细胞衰老的一种方式。

4. 内质网应激信号通路

许多因素会使内质网产生压力,导致蛋白的积累和聚集。为了解决这种压力,内质网会启动不折叠蛋白反应,衰老细胞的不折叠蛋白会显著升高,因此可以通过检测不折叠蛋白及相关信号通路研究细胞衰老。

5. 代谢信号通路

在细胞衰老过程中,AMP/ATP 和 ADP/ATP 的比例会持续升高。因此可以通过检测代谢信号通路研究细胞衰老。

6. 分泌表型信号通路

衰老细胞分泌细胞因子、趋化因子和蛋白酶,它们能够正向或者负向影响多个生物学过程,例如肿瘤进展。因此可以通过检测分泌表型的基因/表观遗传调控通路研究细胞衰老。

五、细胞衰老与疾病

随着年龄增长,衰老机体在应激和损伤状态下,保持和恢复体内稳态的能力下降,因此患心血管疾病、恶性肿瘤、糖尿病、自身免疫疾病和阿尔茨海默病等概率增大。其中,细胞衰老与癌症的关系备受关注。

癌细胞是细胞生长分裂增殖与分化失控而无限增殖的细胞。细胞间失去接触抑制,对生长因子的需求降低,染色体非整倍性,细胞骨架紊乱,导致细胞外形和运动方式改变,细胞表面和黏附性质变化,易发生侵润和转移。体内的细胞都有可能变成癌细胞,而癌细胞也会分裂。

在外界刺激下,正常细胞异常增殖,不进入细胞衰老,也不发生细胞凋亡,而是越过衰老和凋亡屏障,发生癌前病变,经恶性转化成为癌细胞。由此可见,细胞衰老可以说是肿瘤进展的屏障(图 4.20)。

癌细胞具有无限增殖的能力,而细胞衰老使得癌细胞生长增殖停滞。例如,miR-22 是一种可以诱导细胞衰老的小分子 RNA,在 SiHa 细胞转染 miR-22 后,细胞生长减慢直至停滞,表现为与对照组相比细胞数量随着培养天数没有增加(图 4.21a),细胞形态体积变大,表现为细胞面积大小指数显著增加(图 4.21b)。miR-22 转染后,癌细胞发生形态学变化,表现为肥大、扁平、形状不规则,细胞衰老生物学标志物 β-半乳糖苷酶活性(SA-β-gal)阳性,提示 miR-22 能够引起细胞衰老,结果抑制了癌细胞增殖(图 4.22)。

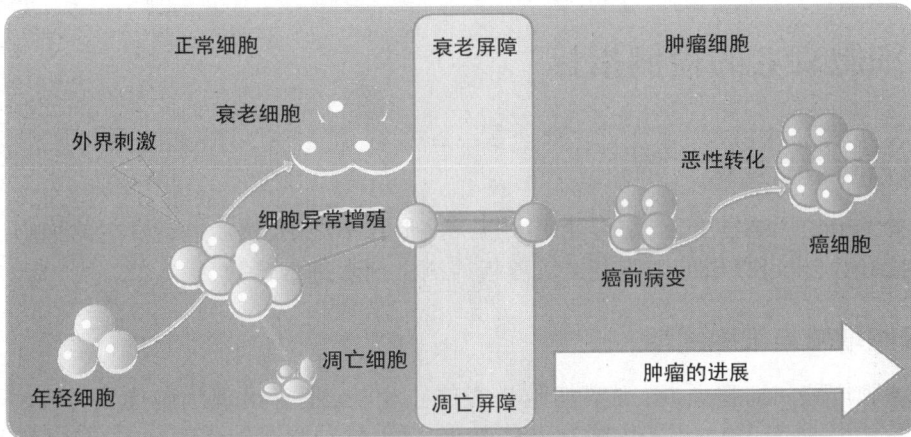

图 4.20　细胞衰老成为肿瘤进展的屏障

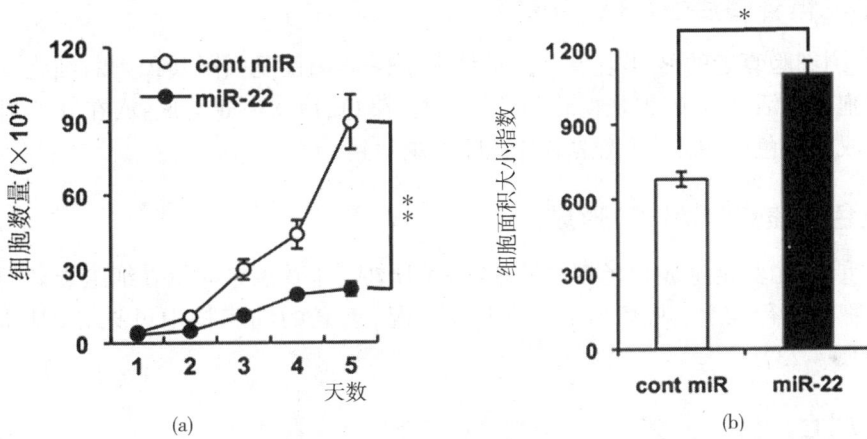

(a)

(b)

图 4.21　miR-22 对 SiHa 细胞生长和面积大小的影响(＊P<0.05，＊＊P<0.01)

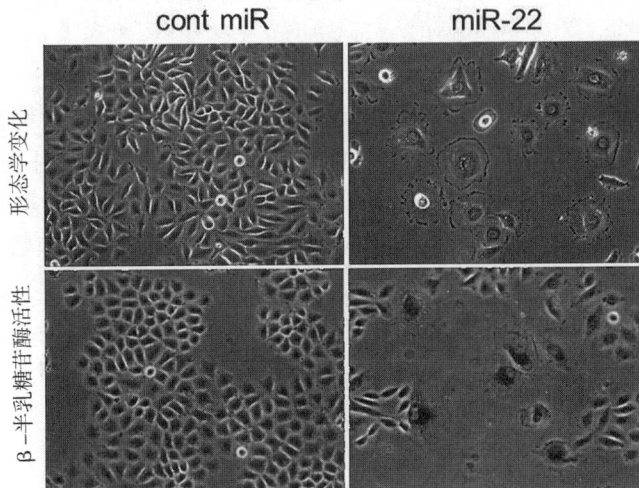

图 4.22　miR-22 对 SiHa 细胞形态和衰老生物学标志物的影响

六、细胞衰老的检测指标

1. 形态和数量变化

首先看细胞的形态学变化,是否变肥大、扁平、形状不规则,然后进行衰老的细胞计数。此时可以直接计数,也可以借助细胞衰老培养板检测试剂盒进行计数。

2. 细胞增殖与细胞周期

测定细胞增殖和细胞周期,观察细胞是否停止生长,是否出现细胞周期停滞;同时检测 p21、p16、p53 表达及磷酸化,pRb 表达及磷酸化,并根据细胞周期停滞情况,测定相关周期蛋白如 CDK4/6,cyclin D1 的表达变化。

3. β-半乳糖苷酶活性(SA-β-gal)

目前,检测细胞衰老的 β-半乳糖苷酶活性 SA-β-gal 阳性是国际共识判断细胞衰老的金标准。衰老细胞有高活性的 β-半乳糖苷酶,通过原位染色,以 X-Gal 为底物,在 β-半乳糖苷酶的催化下会生成深蓝色产物,通过光学显微镜即可观察到。

4.异染色质焦点(SAHF)形成

染色质重组,尤其是生成衰老相关的 SAHF 的形成,是致癌基因诱导细胞衰老的常见生物标志。对细胞核进行染色,观察 SAHF 的形成情况,衰老的细胞核中可见 SAHF 形成,焦点(foci)增多(图 4.23)。

5.细胞凋亡

细胞衰老具有细胞凋亡抵抗性,通过测定细胞凋亡情况,可以反映细胞衰老情况。

6.DNA 损伤

DNA 损伤过程中可形成某些特定的损伤产物,可通过检测损伤产物(如 γ-H_2AX)来评估 DNA 损伤。也可以基于损伤 DNA 理化性质的改变,通过彗星实验检测 DNA 损伤。

如图 4.23 所示,在 miR-22 诱导细胞衰老的研究中,MRC-5 细胞转染 miR-22 后,细胞核中 SAHF 焦点形成清晰可见,与对照组相比 miR-22 组 SAHF 形成的细胞数量明显增加,衰老的 MRC-5 细胞(MRC-5S)中 SAHF 形成的细胞数量也明显增加。

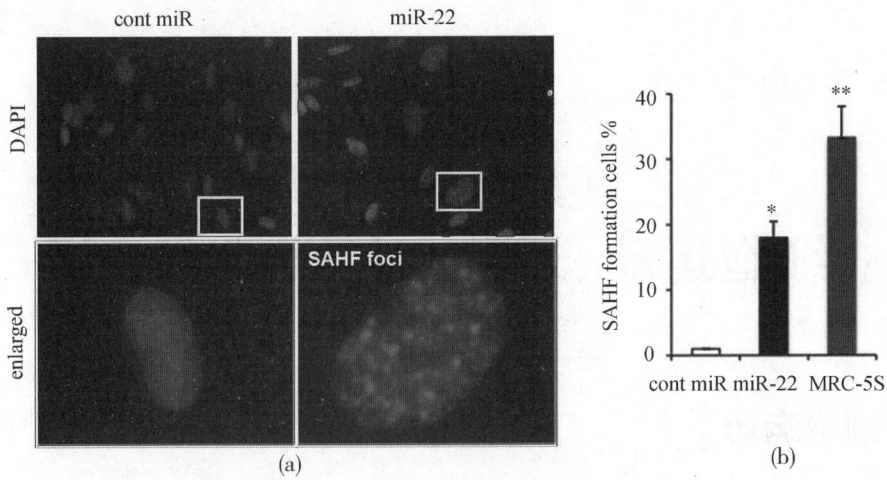

图 4.23　miR-22 诱导 MRC-5 细胞衰老形成 SAHF 的表型特征（＊$P<0.05$，＊＊$P<0.01$）

第五节

细胞运动、迁移与侵袭能力分析

一、细胞运动

细胞运动(cell motility)是生命进化的最重要的成果之一,包括细胞表现出的所有运动。细胞运动不仅使细胞内的代谢产物、生物大分子和细胞器在细胞内合理分布,而且使细胞能转移到更适合生长的位置。

1. 细胞运动的形式

细胞运动的形式多种多样,如细胞分裂时染色体的移动和细胞质的凹陷,细菌的纤毛、鞭毛的摆动,细胞性状的改变,细胞位置的迁移(如白细胞等的变形运动)以及平滑肌和横纹肌的收缩等。

细胞运动中最复杂微妙的方式是发生在细胞内的运动,主要有细胞质流动、膜泡运输、突触运输和染色体分离四种形式。

(1)细胞质流动:细胞代谢物主要通过胞质环流来实现在细胞内的扩散。

(2)膜泡运输:膜泡运输沿微管或微丝运行,动力来自马达蛋白,在马达蛋白的作用下,可将膜泡转运到特定的区域。

(3)突触运输:在神经元胞体合成的蛋白质、神经递质、小分子物质以及线粒体等膜性结构都必须沿轴突运输到神经末梢;同理,一些物质也要运回胞体,在胞体内被分解或重新组装;有些病毒或毒素进入神经细胞后,也可沿轴突到达胞体。轴突运输时沿着微管提供的轨道进行。

(4)染色体分离:细胞分裂中期时染色体排列组装在赤道板上,后期姐妹染色体分离移向细胞的两极,这些都是通过微管的组装和去组装完成的。染色体的这种运动对于其正确分离,保证遗传物质稳定性具有重要意义。

2. 细胞运动的机制及调节

细胞运动的机制及调节涉及不同的蛋白系统,如按微细结构和收缩性蛋白质的种类进行分类,主要包括如下三种:

(1)鞭毛蛋白系统:细菌的鞭毛是由球状蛋白质的鞭毛蛋白所构成的直径为 12~21 nm 的螺旋状细管,它不含 ATP 酶。

（2）微管蛋白系统：球状蛋白质的微管蛋白构成直径为 20~25 nm 的微管，进行规律地排列着。

（3）肌动蛋白-肌球蛋白系统：肌动蛋白和肌球蛋白参与变形虫、白细胞、黏菌的变形以及平滑肌和横纹肌的收缩运动。肌动蛋白以直径约 8 nm 的微丝广泛地分布在这些细胞中，在横纹肌中，以细丝的形式存在于 I 带，但在其他细胞中，以几十条到几百条纤维成束存在。具有ATP 酶活性的肌球蛋白，在横纹肌中是以直径约 15 nm 的粗丝形式存在于 A 带，但在其他细胞中，其存在的形态则是更小的聚合体。

3. 细胞运动的测定方法

对于贴壁细胞来说，细胞运动具有黏附性和趋向性。当细胞受到外界刺激时，细胞内的黏附趋化因子被激活，根据刺激性质做出不同的反应，细胞在骨架蛋白的作用下伸出伪足，会在支撑物上反复的黏附和脱离，向刺激点或者远离刺激点运动。不同的刺激条件下会有不同的反应，根据细胞对不同刺激的反应，一般使用细胞划痕实验、细胞迁移能力实验、细胞侵袭能力实验检测细胞的运动能力。在观察细胞运动的变化时，可以使用显微镜进行实时动态观察和记录。

对于悬浮细胞，通常需要借助单细胞成像技术，即在活细胞成像系统中在单细胞水平上跟踪悬浮细胞观察细胞运动，贴壁细胞也可以使用此技术。

二、细胞迁移

细胞迁移是指细胞在接收到迁移信号或感受到某种物质的刺激后而产生的移动。化学物质刺激如环境污染物暴露下的细胞迁移称为趋化迁移，物理机械力刺激如剪应力作用下的细胞迁移称为机械迁移，在细胞释放的生物因子刺激下的细胞迁移称为趋触性迁移。

1. 细胞迁移的特性

细胞迁移是通过胞体形变进行的定向移动，有别于其他运动，如细胞靠鞭毛与纤毛的运动或是细胞随血流而发生的位置变化。迁移细胞的最显著特征就是细胞在移动平面上沿前后轴线的极化，尤其是当细胞在二维平面上爬行时，很容易区别其前端和后端。前端形成一个扁平的、无细胞器的扇形突出，称为片状伪足，迁移细胞的胞质突起其超出前缘延伸层形成的伪足称为丝状伪足，后端是细胞体的主体并延伸成尾足。

2. 细胞迁移的过程

细胞迁移为细胞头部伪足的延伸、新的黏附建立、细胞体尾部收缩在时空上的交替过程。迁移过程大致分为 6 个步骤（图 4.24）：

（1）建立极性感受信号；

（2）细胞一侧朝着迁移的方向延伸形成伪足（丝状伪足、片状伪足）；

（3）向前延伸的伪足黏附在基质上；

（4）细胞内的肌动蛋白解聚形成应力纤维使细胞收缩；

（5）细胞后部从黏附着的基质上释放；

（6）迁移信号分子再循环。

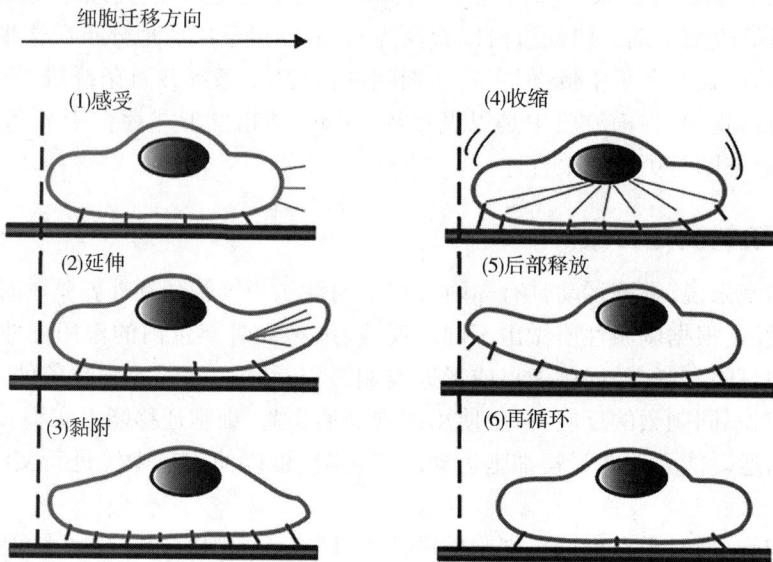

图 4.24　细胞迁移的过程

3. 细胞迁移的机制及调节

细胞迁移涉及肌动蛋白的解聚、微管和张力纤维的形成、丝状和片状伪足以及黏着斑的形成等。细胞迁移的起始是形成丝状伪足感知外界信号，确定迁移的方向。Rho 家族蛋白在丝状伪足的形成过程中至关重要。丝状伪足感受到信号后形成片状伪足开始迁移，与丝状伪足相同，片状伪足的形成与肌动蛋白聚合和细胞外基质黏附有关。黏着斑是细胞与细胞外基质之间重要的黏附结构，对细胞黏附、信号传导和细胞迁移起着重要作用。在细胞迁移过程中，整合素参与黏着斑的形成，连接细胞外基质和细胞骨架，在胞内-胞外传递力学信号使细胞迁移。

4. 细胞迁移的作用

细胞迁移是正常细胞的基本功能之一，是机体正常生长发育的生理过程，也是活细胞普遍存在的一种运动形式。在胚胎发育、血管生成、伤口愈合、免疫反应、炎症反应、动脉粥样硬化、癌症转移等过程中都涉及细胞迁移。

白细胞迁移到损伤或炎症部位是先天性和适应性免疫的关键组成部分。当机体受到损伤时，白细胞被募集到血管壁，沿着管壁迁移，从内皮细胞间隙迁移或者直接穿过内皮细胞进入组织攻击入侵病原体。内皮细胞迁移与血管生成有关，也是新生血管形成的基础，在肿瘤血管生成过程中，内皮细胞迁移也是成因，它还会参与动脉粥样硬化斑块中的血管生成。

三、细胞侵袭

细胞侵袭是细胞迁移的一种,与细胞迁移密不可分,是指细胞在原位突破基底膜,然后内渗进入血管、淋巴管的过程。入侵的细胞(如恶性肿瘤细胞)穿过细胞外基质层(ECM)或基底膜基质层(BME)从一个区域侵入另一个区域,在侵袭到新区域之前,ECM/BME 会被细胞内的蛋白酶降解。细胞侵袭常发生于伤口修复、血管形成和炎症反应以及组织的异常浸润、肿瘤细胞转移等过程中。因此,研究其中的机制对多种生理/病理过程都有着重要的意义。而肿瘤细胞的侵袭性是肿瘤相关信号通路、药物治疗、靶向治疗、致癌/抑癌基因等肿瘤学研究的一个重要指标,常用来评估肿瘤细胞在正常组织中转移的能力,正常细胞,如巨噬细胞也有相同的能力。

四、细胞迁移和侵袭的实验方法

1. 细胞划痕实验

细胞划痕实验是通过体外模拟细胞迁移检测细胞迁移能力的方法。这是一种操作简单、经济实惠的研究细胞迁移的体外实验方法,类似体外伤口愈合模型,主要是用来检测细胞在二维空间中的迁移能力。

此方法是在体外培养皿或平板培养的单层贴壁细胞上,用微量枪头或其他硬物在细胞生长的中央区域划线,去除中央部分的细胞,然后继续培养细胞至实验设定的时间,依据划痕边缘细胞逐渐进入空白区域使划痕愈合的能力,判断细胞生长迁移能力。因其类似体外伤口愈合过程,又名伤口愈合实验。悬浮细胞不适宜做细胞划痕实验。

(1)原理:当细胞长到融合成单层状态时,在融合的单层细胞上人为制造一个空白区域,称为划痕,划痕边缘的细胞会逐渐进入空白区域使划痕愈合,这在一定程度上模拟了体内细胞迁移过程。

(2)实验步骤

①细胞接种:将细胞接种到 35 mm 培养皿或六孔板中,培养 1~2 天至 100% 汇合,形成细胞单层。

②细胞划线:用无菌 200 μl 移液器枪头在细胞单层划线进行划痕,可在皿边缘做好标记,划线可以横向和纵向划 1~3 条平行的直线形成"十",以便于识别。

③洗细胞:划痕完成后,用 PBS 洗细胞 3 次,然后更换新培养基。

④细胞观察:在 0 h、12 h、24 h 不同时间节点固定位置拍照,观察细胞往中线迁移情况。

⑤结果分析:使用 Image J 软件对划痕的距离进行检测,计算愈合率。

(3)应用:本实验可研究细胞迁移能力和修复能力,特别是检测细胞水平迁移能力,即细胞在水平方向上进行迁移的能力。

2.Boyden 小室法

Boyden 小室法是测定细胞迁移和细胞侵袭能力的常用方法。将小室放入孔板中(常见的是 24 孔板),室内称为上室,培养板内称为下室,上下室培养液以聚碳酸酯膜(聚碳酸酯膜又称微孔膜,具有通透性)相隔,聚碳酸酯膜含有密密麻麻的小孔,将细胞悬液加到上室中,上室放在加入完全培养基的 24 孔板内,细胞可通过形变穿过小孔而跑到营养更丰富的上室底部。通过对上室外部的细胞进行染色计数,就可以判断细胞的迁移与侵袭能力的强弱,模拟细胞在三维空间的迁移(图 4.25)。

(1)原理:一般来说,将细胞接种在上室内,上室内添加无血清的培养液,下室内添加含有血清或趋化剂的培养液。下室内培养液中的成分可以影响到上室内的细胞,经过适当的孵育时间后,将两个隔室之间的聚碳酸酯膜固定并染色,测定迁移到小室底部的细胞数量,以此反映细胞迁移或侵袭的能力。

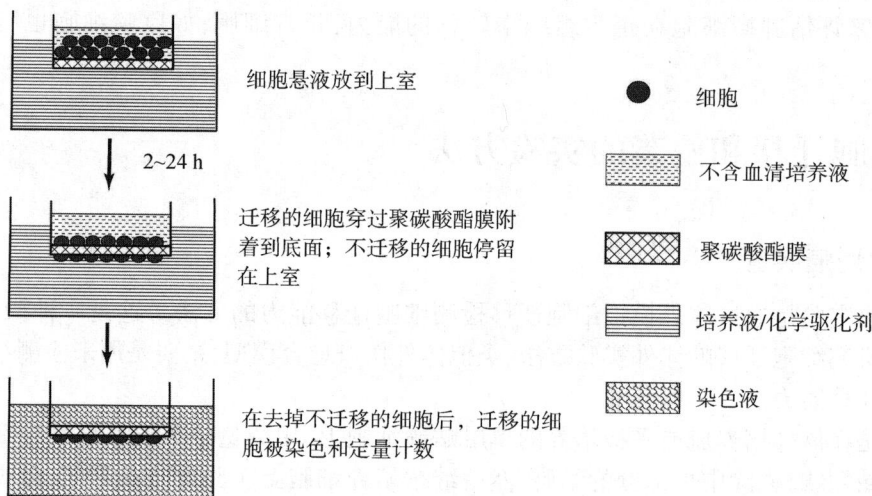

图 4.25　Boyden 小室法

(2)实验步骤

①细胞准备:收集细胞,将一定浓度生长状态良好的细胞置于无血清培养液中。

②小室准备:在下面的隔室中放入化学趋化剂或含血清培养液,如做细胞侵袭,需要提前添加细胞外基质凝胶(matrigel)到小室,模拟细胞外基质;如做细胞迁移,可以直接将细胞放到上层小室里,等待细胞迁移通过聚碳酸酯膜。

③染色计数:到指定时间,将聚碳酸酯膜上面未游走通过膜的细胞用棉签擦掉,对聚碳酸酯膜下面游走通过膜的细胞进行结晶紫染色,并计算细胞数。

(3)应用:Boyden 小室法最初由 Boyden 提出,用于分析白细胞趋化性,目前应用不同孔径和经过不同处理的滤膜,可进行共培养、细胞趋化、细胞迁移、细胞侵袭等多方面的研究。

基于 Boyden 小室法的实验也被称为跨孔实验,这一实验包括:跨孔迁移实验——可检测细胞垂直迁移能力,细胞在垂直方向上进行迁移的能力;跨孔侵袭实验——实验会中添加细胞外基质凝胶,用于检测细胞侵袭能力。

检测细胞迁移能力最常见的方法是细胞划痕实验和跨孔迁移实验,两者的区别在于细胞划痕实验简单经济,模拟单层细胞在二维平面的迁移;而跨孔迁移实验成本较高,模拟细胞在三维空间的迁移。另外,跨孔迁移实验也是检测细胞侵袭能力最常用的手段。

五、细胞迁移与侵袭实验的实际应用

目前细胞迁移与侵袭实验在肿瘤治疗、创面愈合、上皮修复等方面有着重要应用。癌细胞迁移和侵袭是肿瘤转移的重要过程,因此抑制癌细胞迁移和侵袭是降低癌症死亡率的重要手段。创面愈合是一个复杂的病理生理过程,其中细胞能否高效并快速地往创面中心迁移是影响创面愈合的重要因素之一。近年来国内外学者都在积极开展糖尿病创面的相关研究,以期通过促进细胞迁移从而加速创面愈合。在上皮修复方面,角膜上皮细胞迁移直接影响角膜上皮的损伤修复。因此,目前很多学者研究调控角膜上皮细胞迁移的关键因子及分子机制,以期为临床上角膜外伤受损后的治疗提供新的理论依据。

第五章
细胞内结构和组分分析技术

　　不同类型的细胞在结构上有很多共性。大多数细胞都由细胞膜、细胞核和细胞质组成，细胞膜包裹在最外面，细胞核中有细胞的遗传物质，细胞质中含有多种细胞器，包括细胞骨架等。本章主要介绍细胞核染色技术、细胞骨架研究技术及细胞组分的分离纯化技术。

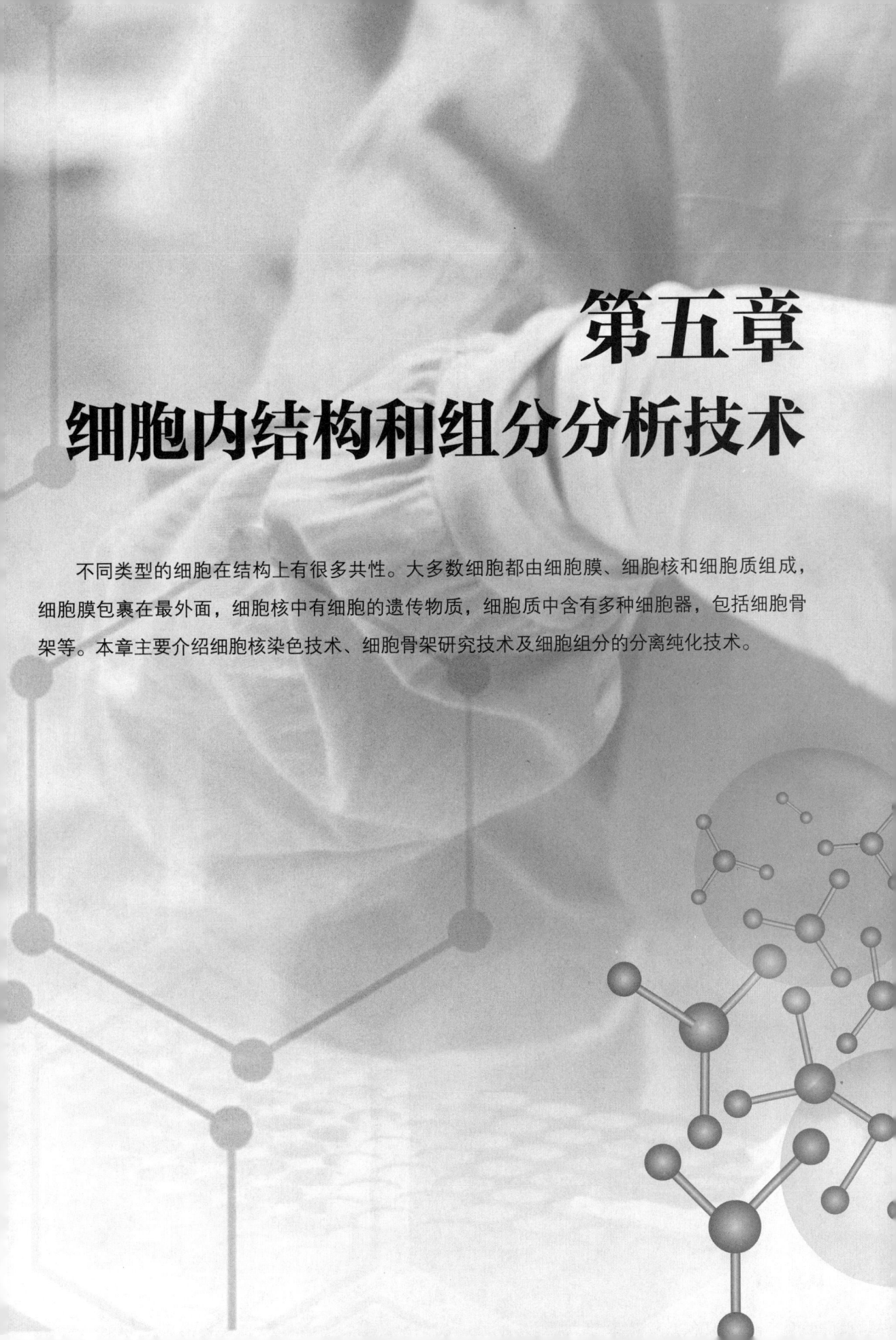

第一节

细胞核染色技术

细胞核是遗传物质的主要存在部位。细胞核主要由核膜、染色质、核仁、核基质等组成。染色质的组成成分是蛋白质分子和 DNA 分子,染色质在细胞分裂时会浓缩形成染色体。

通过染料结合 DNA,可以对细胞核染色,活细胞与死细胞的膜通透性不同,故将细胞核染色分为活细胞核染色和死细胞核染色两类。活细胞核染色方法包括苏木精-伊红染色(HE 染色)、碘化丙啶(PI)染色、吉姆萨(Giemsa)染色、细胞银染色和 Hoechst 染色等,死细胞核染色包括 Hoechst 染色和 DAPI 染色。

一、HE 染色

HE 染色的原理是用碱性染料苏木精和酸性染料伊红分别与细胞核和细胞质发生作用,苏木精染液主要使细胞核内的染色质与胞质内的核酸着紫蓝色;伊红主要使细胞质和细胞外基质中的成分着红色。这样经过 HE 染色,在光镜下能清晰地呈现出细胞图像,并能提供良好的核浆对比染色。

HE 染色是使用石蜡切片技术时常用的染色方法之一(图 5.1),一般的组织变化和组织产物都可以通过这一染色法显示出来。HE 染色是形态学最常用的染色方法,通过这种方法,各种组织或细胞的一般形态特点都可以被观察到。

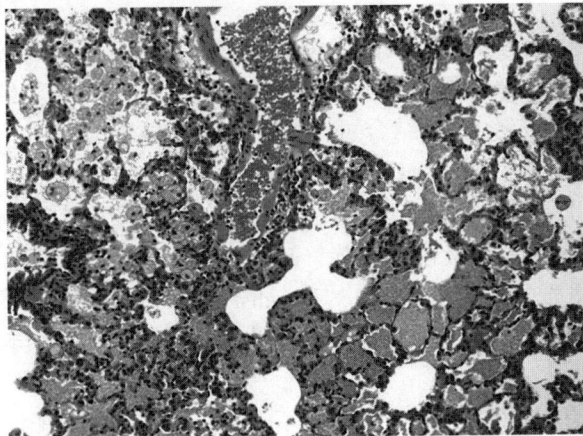

图 5.1　HE 染色(石蜡切片)

二、PI 染色

PI 是一种溴化乙锭的类似物,它在嵌入双链 DNA 后释放红色荧光。尽管 PI 不能通过活细胞膜,但能穿过破损的细胞膜而对核染色。其主要用于组织或细胞的细胞周期和凋亡检测。

例如,FITC-Annexin V 和 PI 双染色可以区分细胞状态,如果细胞被 Annexin V 和 PI 双染色,说明细胞处于晚期凋亡或继发性坏死状态;如果细胞不被 Annexin V 染色,仅被 PI 染色就是损伤细胞状态(图 5.2)。

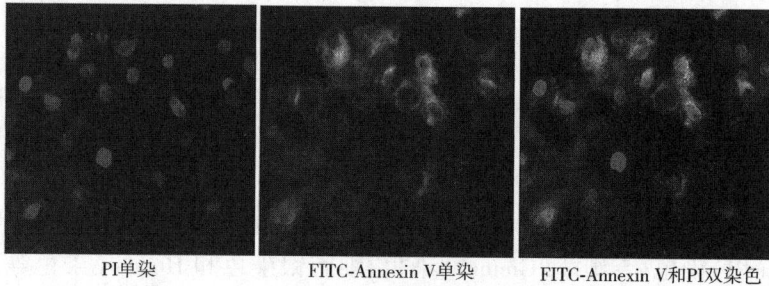

PI单染   FITC-Annexin V单染   FITC-Annexin V和PI双染色

图 5.2　Annexin V 和 PI 双染色检测凋亡细胞

三、Giemsa 染色

Giemsa 染色,是用天青色素、伊红、次甲蓝混合而成的姬姆萨染料对血液、血球、疟原虫、立克次体以及骨髓细胞、脊髓细胞等标本进行染色的方法。在染色前用蛋白酶等进行处理,然后用姬姆萨染液染色,在染色体上,可以出现不同浓淡的横纹样着色。姬姆萨染液可将细胞核染成紫红色或蓝紫色,将胞浆染成粉红色,在光镜下呈现出清晰的细胞及染色体图像。Giemsa 染色适用于多种细胞,对血涂片进行染色可观察血细胞和染色体形态,并进行分类。

四、Hoechst 染色

Hoechst 可穿过细胞膜,对活细胞或固定过的细胞进行核染色。Hoechst 结合在 DNA 双链中的小沟区,优先与富含 A/T(腺嘌呤/胸腺嘧啶)的 DNA 序列结合。虽然说它能与所有的核酸结合,但是与富含 AT 的双链 DNA 结合可以使荧光强度显著增强。

Hoechst 染料一共有三种:Hoechst 33258、Hoechst 33342 和 Hoechst 34580。Hoechst 33342 和 Hoechst 33258 最常用,激发/发射光谱也比较接近。它们都可在 350 nm 左右的紫外光下激发,都在 461 nm 的紫外光下发出蓝靛色荧光。Hoechst 染色用于活细胞标记,检测细胞早期凋亡,细胞核染色后可见明显的变化(图 5.3)。Hoechst 能与 DNA 结合,干扰 DNA 复制和细胞分裂,因此有致畸和致癌危险。Hoechst 染料应谨慎使用,小心处理和丢弃。

五、DAPI 染色

DAPI 作为一种荧光染料是一种含有特定 AT 序列 DNA 的嵌入剂,它能像 Hoechst 染料一样结合在 DNA 双螺旋的小沟区。尽管 DAPI 不能通过活细胞膜,但能穿透扰乱的细胞膜对细胞核染色。可以与细胞核中的双链 DNA 结合而发挥标记的作用,可以产生比 DAPI 自身强 20 多倍的荧光。显微镜下可以看到显蓝色荧光的细胞,荧光显微镜观察细胞标记的效率高(几乎为 100%),且对活细胞无毒副作用。DAPI-DNA 复合物的激发和发射波长分别为360 nm 和 460 nm。

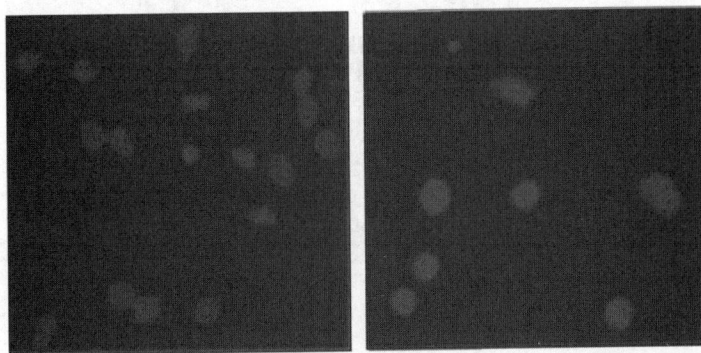

图 5.3 Hoechst 染色细胞核

DAPI 染色应用于微生物检测、生长监测、胚胎发育过程检测、细胞周期检测和核定位,也用于普通的细胞核染色以及某些特定情况下的双链 DNA 染色。DAPI 具有很高的光漂白承受水平,能用来检测酵母线粒体 DNA,叶绿体 DNA,病毒 DNA 及染色体 DNA。DAPI 染色常用于细胞凋亡检测,可直接在荧光显微镜下观察凋亡细胞,也可以使用流式细胞仪测定细胞凋亡率。

六、常用的荧光探针

DNA 和 RNA 的荧光探针包括 PI、DAPI、Hoechst33342,蛋白和抗体的偶联荧光探针包括 FITC 和 Texas red(如表 5.1 所示)。

表 5.1　实验室常用的荧光探针参数和特性

细胞参量	名称	激发/发射波长(nm)	荧光颜色	特性与用途
DNA 和 RNA	PI	535/617	红色荧光	嵌入核酸双链,标记死细胞。用于细胞周期、凋亡分析
	DAPI	358/461	蓝色荧光	结合 DNA 的 AT 碱基对,可进入半通透细胞,用于细胞核观察
	Hoechst 33342	350/461	蓝色荧光	结合 DNA 的 AT 碱基对,可进入活细胞,用于细胞核观察
蛋白和抗体的偶联探针	FITC	494/518	绿色荧光	对死细胞染色,对 pH 值变化不敏感
	Texas red	595/615	红色荧光	多参量细胞标记

第二节

细胞骨架研究技术

一、细胞骨架概述

1. 定义

细胞骨架是由蛋白纤维交织而成的立体网架结构,它充满整个胞质空间,与外侧的细胞膜和内侧的核膜存在一定的结构联系,与保持细胞特有的形状和细胞运动有关。

2. 组成成分和分布

细胞骨架主要由微丝、微管和中间纤维组成。微丝又称肌动蛋白丝,由肌动蛋白组成,是直径为 7 nm 的纤维,主要分布在质膜和核膜的内侧。微管是由 α、β 微管蛋白异源二聚体螺旋盘绕形成的。微管蛋白二聚体线性排列形成一条微管原纤维,微管是由 13 条微管原纤维构成的中空管状结构,平均外径 24 nm、内径 15 nm,分布在核周围,呈放射性向四周扩散。中间纤维是直径为 10 nm 左右的纤维,分布在整个细胞中。

3. 生理功能

细胞骨架是具有多种功能的高度动态的结构体系,是细胞运动的轨道,也是细胞形态维持和变化的支架,是贯穿于细胞核、细胞质、细胞外的一体化网络结构。微丝确定细胞表面特征,使细胞能够运动和收缩。微管确定膜性细胞器的位置和作为膜泡运输的导轨。中间纤维使细胞具有张力和抗剪切力,起支撑作用。细胞骨架在维持细胞的形态结构和保持细胞内部结构的有序性方面起重要作用,并参与许多重要的生命活动,如细胞运动、物质运输、能量转换、信息传递和细胞分裂等。

细胞骨架最基本的两个功能是维持细胞的形态和使细胞具有运动能力,包括机体的运动和细胞器的移动。其他作用都是在这两个功能的基础上拓展的。

二、微丝

1. 微丝形态结构和组成

微丝的结构单位是肌动蛋白,肌动蛋白以两种形式存在,即单体和多聚体。单体是球形分子,又称球状肌动蛋白(G-肌动蛋白);多聚体形成肌动蛋白丝,称为纤维状肌动蛋白(F-肌动蛋白)。细胞中的肌动蛋白束在肠上皮细胞微绒毛、细胞质中的收缩束、运动细胞前缘的片状伪足和丝状伪足、细胞分裂时的收缩环上均可观察到(图5.4)。

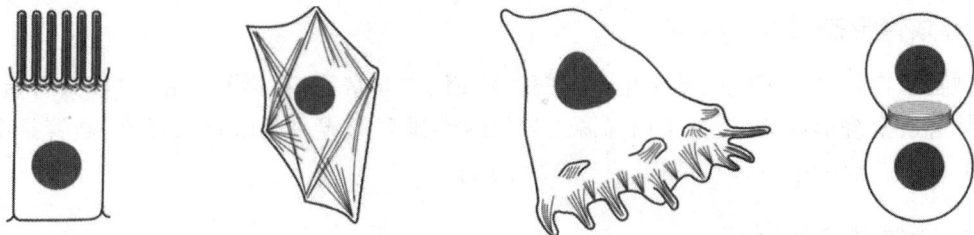

(a)肠上皮细胞微绒毛　　(b)细胞质中的收缩束　　(c)运动细胞前缘　　(d)细胞分裂时的收缩环

图5.4　细胞中的肌动蛋白束

2. 微丝装配特点和过程

肌动蛋白单体装配时头尾相连,其形成的微丝具有极性;只有与ATP结合的G-肌动蛋白才能参与微丝的组装;两极装配速度正极大于负极,存在"踏车"现象;G-肌动蛋白与F-肌动蛋白存在动态平衡。所谓"踏车",是在微丝装配时,若G-肌动蛋白分子添加到F-肌动蛋白丝上的速率正好等于G-肌动蛋白分子从F-肌动蛋白丝失去的速率时,微丝的净长度没有改变,但是装配与去装配仍在进行,这个过程称为踏车。

微丝装配过程:成核→快速延长→稳定期。构成F-肌动蛋白的所有亚基都是从一个方向加到多聚体上的,所以F-肌动蛋白丝具有方向性,正极是结合ATP的一端。

3. 微丝形成的信号通路和功能

微丝形成的信号通路上游是小分子Rho,下游有两个主要基因,一个是Dia1,负责肌动蛋白聚合,另一个是ROCK,调控肌球蛋白磷酸化,两者共同作用,最终使肌动蛋白纤维成束和收缩。微丝在细胞的迁移、生存、收缩、周期、有丝分裂,以及维持细胞的结构等方面发挥作用。

4. 影响微丝形成的药物

微丝的功能依赖于肌动蛋白的组装和去组装的动态平衡。影响微丝形成的特异性药物包括细胞松弛素(cytochalasin)和鬼笔环肽(phalloidin),这两种药物与肌动蛋白会产生特异性结合,影响肌动蛋白单体-多聚体的平衡。

细胞松弛素B是真菌分泌的生物碱,在细胞内与微丝正端结合,引起F-肌动蛋白解聚,阻断亚基的进一步聚合,结果导致细胞肌动蛋白纤维骨架消失。因此,用细胞松弛素处理细胞会导致微丝不能装配。鬼笔环肽是一种从毒性蘑菇中分离出的剧毒生物碱,对细胞有毒害作用,它只与聚合的微丝结合,而不与肌动蛋白单体结合,能抑制微丝解体,破坏肌动蛋白单体-多聚体的平衡。

三、微管

1. 微管形态结构和组成

微管蛋白是微管装配的基本单位,在生物进化中非常稳定,微管是由 α、β 微管蛋白异源二聚体螺旋盘绕形成的,微管蛋白异源二聚体线性排列形成一条微管原纤维,微管是由 13 条微管原纤维构成的中空管状结构,直径 22~25 nm。

2. 微管装配的过程

首先,α 微管蛋白和 β 微管蛋白形成 8 nm 的 αβ 二聚体,αβ 二聚体先形成环状核心;然后两端、侧面增加二聚体而扩展为螺旋带,αβ 二聚体平行于长轴重复排列形成原纤维;当螺旋带加宽至 13 根原纤维时,即合拢形成一段微管。新的二聚体添加到微管的两端使之延长。

3. 微管装配的起始点

微管组织中心(MTOC)是存在于细胞质中决定微管在生理状态或实验处理解聚后重新装配的结构。微管组织中心是细胞内微管成核化的主要部位,主要作用是促进微管组装过程中的成核反应,微管从微管组织中心生长,这是微管组装的一个独特的性质。常见的微管组织中心包括中心体、鞭毛和纤毛的基体。

中心体是动物细胞中决定微管形成的一种细胞器,包括中心粒和中心粒旁基质。中心粒是中心体的主要结构,成对存在,且相互垂直形成"L"形排列。中心粒是中空的短圆柱状结构,由 9 组间距均匀的三联管组成,三联管由三个微管组成,分别称为 A、B、C 纤维。9 组三联管串联在一起,形成一个由短臂连起来的齿轮状环形结构。

γ 微管蛋白位于中心体周围的基质中,呈圆环或钩环结构,结构稳定,通过与 β 微管蛋白相互作用帮助微管成核,为二聚体提供起始装配位点。

4. 微管特异性药物

秋水仙素(colchicine)会阻断微管蛋白组装成微管,可用于核型分析。紫杉醇(taxol)会促进微管的装配,可稳定已形成的微管。

四、细胞骨架的观察

目前观察细胞骨架的手段主要有电镜技术、免疫荧光法、酶标法、组织化学染色法等。微丝的观察常用考马斯亮蓝法、鬼笔环肽标记法;微管的观察使用免疫荧光法。

1. 考马斯亮蓝法

考马斯亮蓝 R250 是一种普通的蛋白质染料,它可以使各种细胞骨架蛋白质着色,并非特异地显示微丝,但是由于有些细胞骨架纤维在该实验条件下不够稳定(例如微管),还有些类型的纤维太细,在光学显微镜下无法分辨,因此我们看到的主要是微丝组成的张力纤维。

2. 鬼笔环肽标记法

用荧光染料甲基罗丹明标记的鬼笔环肽处理后,可在荧光显微镜下看到微丝静态和动态变化的图像。

3. 免疫荧光法

用抗微管蛋白的免疫血清(一抗)与体外培养细胞一起温育,该抗体将与胞质中的微管(抗原)特异结合,然后加荧光素标记的抗球蛋白抗体(二抗),从而使微管间接地标上荧光素,再置其于荧光显微镜下可见微管的形态和分布。

荧光物质均易发生淬灭,染色后的样品宜避光。在使用抗淬灭封片液的情况下可以减缓淬灭,但仍宜尽量避光,并注意控制染色时间,染色时间过长容易出现假阳性。

第三节

细胞组分的分离纯化技术

一、概述

细胞组分的分离纯化技术是细胞生物学研究中的重要方法,是研究细胞膜、细胞核和某一细胞器超微结构生化组成以及特定功能的前提和基础。此技术要求纯化的细胞膜、细胞核、细胞器结构完整,形态与细胞内无异,具有生物学活性,在数量足够的基础上,提高纯度、节省时间、提高效率、节约经济成本。因此,针对分离的目的和后期鉴定要求,选择合适的细胞破碎溶剂、破碎方法以及分离纯化方式至关重要。

1. 细胞破碎溶剂

理想的匀浆是细胞破碎成功分离纯化的第一步,即细胞成分能完整、均匀地分布在匀浆液中。适用的溶剂通常是由细胞类型决定的,在分离的每一步分离溶液的成分都有所变化。分离试剂通常将蔗糖作为渗透平衡剂。通用的匀浆溶剂包括 0.25 mol/L 蔗糖,1 mmol/L EDTA,10 mmol/L Hepes-NaOH(或 10 mmol/L Tris-HCl,pH=7.4);分离细胞核时,与通用的体系基本相同,只是将 1 mmol/L EDTA 换成 25 mmol/L KCl,5 mmol/L $MgCl_2$;分离过氧化物酶体时,在通用的体系上加入 0.1% 的乙醇;分离线粒体时,使用 0.2 mol/L 甘露醇,50 mmol/L 蔗糖,1 mmol/L EDTA,10 mmol/L Hepes-NaOH(pH=7.4)。

2. 细胞破碎方法

常见的细胞破碎方法分为玻璃匀浆器法、超声波破碎法、化学裂解法和液氮反复冻融法。

(1)玻璃匀浆器法

玻璃匀浆器法是最常用的细胞破碎方法,匀浆器一般由一根表面磨砂底端为球形的玻璃研磨杆和一个内壁磨砂的玻璃套管组成,研磨杆和玻璃管内壁之间保持在几微米距离。使用时,将剪碎的组织或细胞悬液加入匀浆管中,然后将研磨杆放入玻璃管中上下移动数次,即可将细胞破碎。

(2)超声波处理法

使用超声波破碎仪进行超声波处理,超声波破碎仪能产生固定频率的超声信号,声波形成的冲击和振动会产生一定的剪切力,使细胞破碎。超声破碎仪耗时短且省力,但是在使用超声波处理时会产生热,因此在超声时应将材料置于冰浴中,避免因温度升高造成生物大分子失活。

(3) 化学裂解法

化学裂解法常需要在破碎过程中加入表面活性剂,常见的表面活性剂有 Triton X-100、NP-40、SDS 以及脱氧胆酸钠等,然后加以机械辅助,再使用注射器和针头完成匀浆裂解。这类化学试剂可以改变细胞膜的通透性使生物大分子从细胞中释放出来,从而达到细胞破碎的目的。需要注意的是,在后续操作中应将这些表面活性剂清除,避免影响分析。

(4) 液氮反复冻融法

将制备好的组织或细胞悬液放在液氮中冷冻,然后在室温或者不超过 37 ℃下融化,经过3~4次冻融周期,可使细胞破碎。

3. 分离纯化方法

分离纯化方法分为离心分离、亲和免疫纯化分离、自由流电泳分离、荧光激活细胞器分离、光学镊子和激光捕获显微解剖、双向电泳分离等。其中,离心分离方法是最传统的,也是最常用的实验手段。

离心分离时离心转子的旋转产生离心场和离心力,离心力作用于离心场中的粒子,粒子的质量、旋转速度和离旋转中心的距离都会影响离心效果。离心分离技术原理非常简单,根据细胞器的大小、密度、沉降系数不同,采用逐渐增加离心速度或低速和高速交替进行离心,使沉降速度不同的颗粒在不同的分离速度及不同的离心时间下分批分离。随着离心机种类增多和功能不断完备(表 5.2),离心技术已经成为实验室中分离细胞器使用最广泛和可信的手段。

表 5.2　离心机的分类和转速差别

名称	转速(r/min)
超高速冷冻离心机	> 80 000
超速冷冻离心机	30 000 ~ 80 000
高速冷冻离心机	10 000 ~ 30 000
低速冷冻离心机	< 10 000

在离心分离纯化细胞器的过程中,通过上面提到的细胞破损方法可使细胞质膜破损,形成细胞核、线粒体、叶绿体、内质网、高尔基体、溶酶体等细胞器和细胞组分组成的混合匀浆,再通过差速离心,即根据离心机不同转速下产生不同离心力,将各种质量和密度不同的细胞器和各种颗粒分开。因此,差速离心需要多次离心以达到分离不同组分的目的。由于得到的细胞器纯度并不高,所以在分离纯化细胞器的过程中往往还会在差速离心分离的基础上,将得到的沉淀利用密度梯度离心进行再分离(表 5.3)。

表 5.3　离心分离纯化细胞核和细胞器的条件

细胞器	差速离心沉淀	离心速度（g）	时间(min)	离心梯度	可能的污染物
质膜碎片	P1 P2	160 000 3 000	180 10	37%或60%蔗糖 无	线粒体 核
细胞核	P1 P1/匀浆液	100 000 15 000	60 60	60%蔗糖 20%~50%不连续碘海醇	无 无
核膜	P1	100 000	60	10%~55%不连续蔗糖	无
内质网	P6	150 000	60	20%或45%蔗糖	质膜囊泡/内涵体
高尔基体	P4+P5 P4+P5	160 000 50 000	60 60	10%~44%不连续蔗糖 10%~50%不连续碘海醇	质膜囊泡/光面内质网 溶酶体
过氧化物酶体	P4+P5	95 000	120	34%~47%不连续碘海醇	线粒体
溶酶体	P4+P5 P4+P5	50 000 370 000	120 30	10%~50%不连续碘海醇 15%~85%不连续碘海醇	质模 线粒体
线粒体	P2+P3+P4 匀浆液	50 000 370 000	120 0.5	20%~40%不连续碘海醇 20%~52%不连续碘海醇	过氧化物酶体 过氧化物酶体
线粒体外膜	P2	115 000	60	23%~43%不连续蔗糖	内膜

　　密度梯度离心法是将要分离的细胞组分小心地铺放在含有密度逐渐增加的、高溶解性的惰性物质(如蔗糖或碘海醇)形成的密度梯度溶液表面,通过重力或离心力的作用使样品中的不同组分以不同沉降率沉降,形成不同的沉降带。

二、细胞核分离技术

　　细胞核作为一个功能单位,完整地保存遗传物质,并指导 RNA 合成,进而表达出相应的蛋白质,在一定程度上细胞核控制着细胞的代谢、生长、分化和增殖活动。因此,细胞核的分离是研究基因表达及细胞核形态结构的首要步骤。不同组织来源的细胞经匀浆后,可用分级离心等方法将细胞核进行分离纯化。以提取小鼠肝细胞的细胞核为例来进行说明。

1. 溶液准备:

　　（1）溶液 A：0.25 mol/L 蔗糖、10 mmol/L Tris-HCl（pH=8.0）、3 mmol/L $MgCl_2$、0.1 mmol/L 苯甲基磺酰氟化物（PMSF 为蛋白酶抑制剂,用乙醇现配）

（2）溶液 B：含 0.1%（*V/V*）TritonX-100 的溶液 A。

（3）溶液 C：2.2 mol/L 蔗糖、10 mmol/L Tris-HCl（pH = 8.0）、3 mmol/L $MgCl_2$、1 mmol/L PMSF

用溶液 A 粗提，离心取沉淀，在 B 液中除蛋白，然后在 C 液中进行蔗糖密度梯度高速离心，离心后的沉淀物再用 A 液离心洗涤 1 次即可收取细胞核。

2. 操作步骤：

（1）将大鼠在实验前禁食 24 h，断头后剖腹切取 30 g 肝细胞，用 0.9% NaCl 充分洗去血污，剪碎肝组织，然后按溶液 A 8 mL/g 肝脏组织加溶液 A。

（2）取适量肝细胞悬液，移入带聚四氟乙烯头的玻璃匀浆器中，手工匀浆片刻。

（3）将匀浆液分成 6 管，以 2 000 g 离心 10 min。

（4）弃上清液，把粗提的细胞核悬浮于 240 mL 溶液中，并通过 4 层纱布滤除粗渣。

（5）溶液分 6 管，以 2 000 g 离心 10 min，弃上清。

（6）沉淀物悬浮于 240 mL 溶液 B 中，以 2 000 g 离心 10 min。

（7）弃上清，沉淀物悬浮于 190 mL 溶液 C 中，取 6 支超速离心管，每管加 5 mL 溶液 C，然后把细胞核悬液铺在溶液 C 上层，以 25 000 r/min 速度离心 60 min。

（8）弃上清，用溶液 A 轻轻荡洗管壁及沉淀物表面 2 次，将离心管倒置，滤纸擦干管口。

（9）向离心管底部滴加几滴溶液 A，用玻璃棒轻轻搅匀，然后补加 30 mL 溶液 A。

（10）以 2 000 g 离心 20 min，弃上清液，沉淀物为纯化的肝细胞核。

三、细胞膜分离技术

细胞与细胞外部环境的物质交换、能量交换和信号传递都是通过细胞膜完成的。常用的细胞核分离纯化方法是通过物理或者化学的方法使细胞膜破裂，然后分别除去细胞内含物，从而得到纯化的细胞膜。

分离细胞膜的第一步需要将细胞破碎，破碎过程中会释放各种蛋白水解酶，导致蛋白质的降解，因此细胞膜的整个提取过程应该在低温下进行，并加入相应的蛋白酶抑制剂和二价金属离子螯合剂（选择具体用哪几种蛋白酶抑制剂则要根据不同的细胞类型来定）。

1. 差速离心法

该方法首先破碎细胞，然后根据沉降系数不同分步离心沉淀细胞内含物，最后将细胞膜沉淀。常用的方法是先用杜恩斯（Dounce）匀浆器将组织在冰浴中匀浆，以 600 g 离心 10 min 去除细胞核和未破碎的细胞；然后以 8 000 g 离心 10 min 沉淀线粒体；最后以 100 000 g 离心 20 min 沉淀细胞膜。

2. 蔗糖密度梯度离心法

密度梯度离心是一种分离纯化的常用方法。蔗糖性质稳定、价格低，是制备密度梯度的首选介质。分离纯化细胞膜采用蔗糖密度梯度的方法效果较好，该方法根据细胞膜与细胞内含物密度的不同,通过超速离心使其分布在不同的蔗糖密度梯度中,然后分别取出。许多学者提取细胞膜时采用了该方法,并获得了较好的结果。但是在大多情况下,细胞膜的分离纯化需要差速离心和蔗糖密度梯度离心结合使用。

3. 两相分配法

两相分配法是根据细胞膜脂溶性的特点,将破碎的细胞放入两相溶液,一相是聚乙二醇,一相是葡聚糖。实验结果表明,质膜对富含聚乙二醇的一相具有很高的亲和力,而线粒体膜、内质网膜、液泡膜主要存在于界面和富含葡聚糖的一相。

4. 化学诱导法

为避免机械破碎对细胞膜的破坏,用化学诱导法可以得到纯度高、完整性好且能保证细胞膜外表面和细胞膜原生质表面发生颠倒的细胞膜微囊。对于培养细胞,这种化学裂解法广泛应用于巨噬细胞、成肌细胞、神经胶质瘤细胞等。该方法操作方便、细胞膜微囊产率高、细胞膜活性受影响小,是一种可以广泛使用的方法。需要注意的是,具体到某一种细胞时,应根据该细胞的特点对实验方法做一定的修改和调整。

当提取出细胞膜后还需要进行浓度的验证,验证依据为每一种膜组分都有其特有的成分,因此常用膜组分的某种成分含量的多少来判断所提取细胞膜的纯度,其中膜上的酶作为膜标志应用最为广泛。在分离纯化细胞膜时,通过测定细胞膜的标志酶的活性,即 $5'$-核苷酸酶作为细胞膜含量的指标。

四、线粒体分离技术

线粒体是细胞的重要细胞器,在细胞能量代谢、自由基生成、蛋白质磷酸化,尤其是在细胞凋亡过程中起核心调控作用。线粒体功能缺陷可引起神经肌肉疾病、心血管疾病、糖尿病、帕金森病和肿瘤等多种疾病,分离线粒体,有助于开展线粒体功能障碍与相关疾病的机制研究。在此选取蔗糖密度梯度离心法分离纯化肝癌细胞线粒体的例子来进行说明。

1. 细胞破碎

细胞悬浮于 8 mL 甘油介质(1.2 mol/L 甘油,5 mmol/L Tris-HCl,pH = 7.4),4 ℃轻搅 15 min,然后 1 000 g 离心 5 min,去上清;沉淀,加入 6 mL 蔗糖溶液(0.25 mol/L 蔗糖,1 mmol/L Mg^{2+},5 mmol/L Tris-HCl,pH = 7.4),4 ℃轻搅 20 min;细胞悬液于 Dounce 匀浆器中匀浆 10~12 次,显微镜观察可见 95% 以上细胞破碎。

2. 线粒体粗提物的分离

细胞匀浆以 1 000 r/min 离心 5 min,收集上清,上清以 20 000 r/min 离心 16 min。收集沉淀,用悬浮缓冲液(0.25 mol/L 蔗糖,1 mmol/L Mg^{2+},10 mmol/L Hepes-NaOH,pH = 7.4)洗涤 2 次;收集,并以 20 000 r/min 离心后,上清,以 100 000 r/min 离心 60 min,收集沉淀,悬浮缓冲液洗涤 2 次,此沉淀即为富含线粒体的粗提物。

3. 线粒体的纯化

在 15 mL 离心管中先加入 5 mL 1.5 mol/L 的蔗糖溶液（含 10 mmol/L Tris-HCl，1 mmol/L EDTA，pH=7.5），然后在蔗糖溶液液面上轻轻加一层 5 mL 的 1.0 mol/L 的蔗糖溶液（含 10 mmol/L Tris-HCl，1 mmol/L EDTA，pH=7.5），形成 10 mL 的蔗糖浓度梯度。将线粒体粗提物悬浮于1.5 mL悬浮缓冲液中，轻轻加于蔗糖浓度梯度上，以 60 000 r/min 离心 30 min，线粒体在 1.0 mol/L 和1.5 mol/L蔗糖梯度交界处形成一薄层。吸出线粒体，用悬浮缓冲液稀释蔗糖并以 20 000 r/min 离心20 min沉淀线粒体。

4. 线粒体纯度的鉴定

一般通过测定一些与细胞器特定功能相关的酶来作为细胞器纯度的指标。琥珀酸脱氢酶是三羧酸循环的酶之一，可作为线粒体纯度的指标，酶比活力越高线粒体越纯。

第六章
细胞毒性分析方法与细胞
模型的研究与应用

  细胞毒性对生命体的健康和发展有着极其重要的影响。研究细胞毒性有助于理解某些疾病的发病机制,以寻找新的治疗方法。在医学研究领域,研究细胞毒性可以帮助评估药物或化合物的安全性和有效性,有助于研发新药。在环境保护领域,研究细胞毒性可以评估环境中的有毒污染物对生态系统和人类健康的影响。

  细胞模型是可以在某种层面模拟疾病的特征的细胞,作为模型常被用于相关的疾病机制研究和治疗研究。本章介绍了细胞毒性分析方法,对细胞模型进行了概述,并以血管内皮细胞模型、Caco-2 细胞模型和常用肿瘤细胞系模型为例介绍了细胞模型的研究与应用。

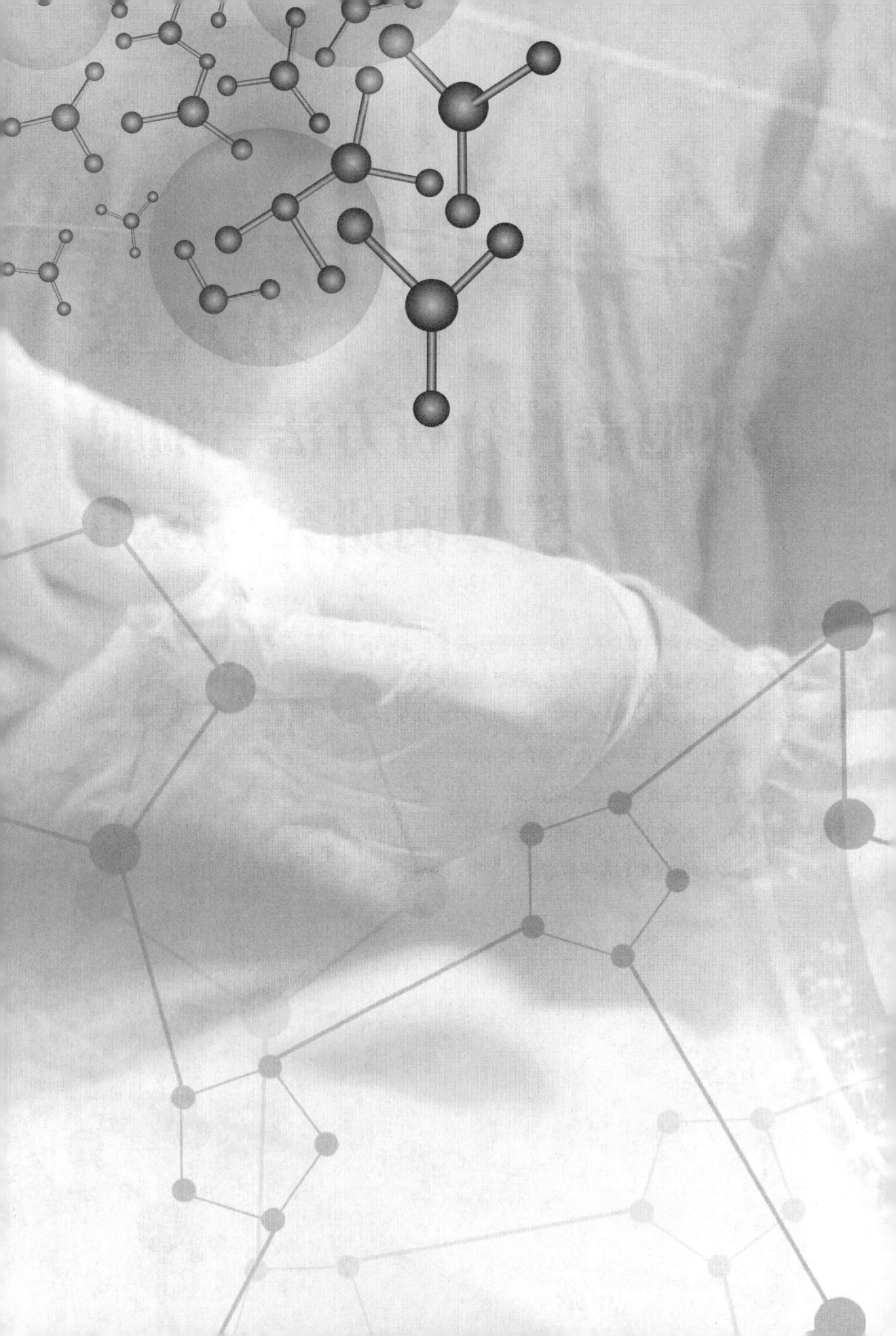

细胞毒性分析方法

一、细胞毒性定义

细胞毒性是指一种物质或者化合物对细胞的有害作用,它能导致细胞死亡或功能障碍。根据欧洲标准化委员会 1992 年第 30 号文件的定义,细胞毒性是指由产品、材料及其浸渍物所造成的细胞死亡、细胞溶解和细胞生长抑制。它来源于外部或内部因素,如放射线、药物、化学物质、细菌、病毒等,可以通过破坏细胞膜、损害细胞器或干扰细胞代谢途径等方式引起细胞毒性。

二、细胞毒性检测

细胞毒性检测是指通过体外细胞培养技术,采用细胞毒性试验评价某些因素引起的细胞生长抑制、功能改变、溶解、死亡或其他毒性反应。细胞毒性检测具有通用性的特点,并可在短期内较经济、简便地筛选出批量检测样品的细胞毒性,它为体内法(动物试验)的进行与否提供了先决条件,为新型医疗器械和生物材料的研制和应用提供了重要保证。

目前,主要有三类细胞毒性试验,包括浸提液试验,直接接触试验,间接接触试验(包括琼脂扩散试验、滤膜扩散试验)。这里主要介绍几种浸提液试验方法。

1. 噻唑蓝(MTT)法

MTT 法是目前应用最广泛的一种检验细胞活性和生长的方法。其主要原理是利用细胞线粒体中的琥珀酸脱氢酶能使外源性黄绿色的 MTT 还原降解为难溶解的蓝紫色结晶甲臜,并会沉积在细胞中。用二甲基亚砜(DMSO)能将沉积在细胞中的甲臜溶解,形成紫色溶液,用酶标仪检测 570 nm(也可用 490 nm)波长处的 OD 值可间接反映活细胞数量。在一定细胞数范围内,用 MTT 法结晶形成的量与细胞数成正比。MTT 法具有灵敏度高、经济、便捷的特点。

推荐使用成纤维细胞或 Hela 细胞,也可以根据需要选用其他细胞系。用细胞培养液配制成每毫升含 1×10^4 个细胞的细胞悬液。取 96 孔培养板,每孔中加入 100 μL 的细胞悬浮液,培养 24 h。弃去原培养液,每孔加入 100 μL 的空白对照液,阴性对照液,阳性对照液,100% 和 50% 浓度的试验样品浸提液。每组至少设 8 孔。培养时间可为 24 h、48 h、72 h,在不同时间点,每孔加入 20 μL MTT 溶液继续培养 5 h。弃去孔内液体,每孔分别加入 200 μL DMSO,将培养板放置10 min,水平振摇使孔内溶液保持颜色均匀。用酶标仪测定吸光度,选用的波长为570 nm。根据实验结果,可以计算出细胞存活率、最低有效浓度(LOEC)和半抑制浓度(IC50)。

2. CCK-8(Cell Counting Kit-8)检测法

CCK-8检测法是用于测定细胞增殖或者细胞毒性试验中活细胞数目的一种高灵敏度,无放射性的比色检测法。CCK-8是一种氧化还原反应的指示剂,利用活细胞中的脱氢酶催化四唑盐WST-8还原生成高度水溶性的黄色甲瓒染料,而且甲瓒染料的生成量与活细胞的数量呈线性关系,即颜色的深浅与细胞的增殖成正比,与细胞毒性成反比。使用酶标仪在450 nm波长处测定OD值,进而间接反映活细胞数量。

CCK-8检测法与MTT法相比较优缺点如下表6.1所示。

表6.1 MTT法与CCK-8检测法的优缺点比较

检测方法	MTT法	CCK-8检测法
产品性状	粉末	溶液
生成甲瓒的水溶性	差	较好
使用方法	配成溶液后使用	即开即用
检测灵敏度	高	较高
检测时间	较长	较短
检测波长	560~600 nm	430~490 nm
便捷程度	一般	便捷
细胞毒性	高,细胞形态完全消失	很低,细胞形态不变
试剂稳定性	一般	很好

3. 乳酸脱氢酶(LDH)法

LDH是一种稳定的蛋白质,存在于正常细胞的胞质中,一旦细胞膜受损,LDH即被释放到细胞外;LDH能够催化乳酸形成丙酮酸盐,它与四唑盐类(INT)反应形成紫色的结晶物质,可通过酶标仪进行检测500 nm波长处的OD值。因此可通过检测细胞培养上清中LDH的酶活性判断细胞受损的程度,进而检测细胞毒性。也检测上清中碱性磷酸酶、酸性磷酸酶的活性等方法。

4. ATP发光法

ATP是由腺嘌呤、核糖和3个磷酸基团连接而成的,水解时释放出的能量较多,是生物体内最直接的能量来源。内源性ATP是活细胞最基本的能量来源,细胞死亡时,ATP会迅速水解。因此,测定细胞内源性ATP的含量可以及时反映细胞活性和活细胞数量。常见的ATP发光法是利用外源萤火虫荧光素/荧光素酶与细胞内的ATP发生氧化反应将化学能转化为光能,通过监测荧光强度来检测ATP含量。在ATP发光法反应中,ATP保持在一定的浓度范围内,其浓度与发光强度呈线性关系。ATP发光法具有灵敏、快速、便捷、稳定的特点。

5. 钙黄绿素/碘化丙啶(Calcein-AM/PI) 双荧光染色法

钙黄绿素(Calcein-AM)是一种可对活细胞进行荧光标记的细胞染色试剂,能够轻易穿透活细胞膜。当其进入细胞质后,酯酶会将其水解,发出强绿色荧光。Calcein-AM 是最适合作为荧光探针去染活细胞的,因为它的细胞毒性很低,且不会抑制如增殖或淋巴细胞趋化这样的细胞功能。Calcein-AM 与 PI 结合使用,即分别对活细胞和死细胞进行染色,可用于同时对活细胞和死细胞进行荧光染色。

三、试验原则与应用

体外细胞试验方法较多,且各有其特点,各试验方法之间很难达到完全一致。因此在选择试验方法时,须根据"最接近应用状况"的原则,尽可能合理地选择供试品与细胞的接触方式和检测生物学终点评价的方法。

与人体接触或植入体内的医疗器械都需要进行细胞毒性试验。接触部位包括表面,如皮肤、黏膜、损伤表面;外部接入如血路间接、组织、骨、牙、循环血液;体内植入如组织、骨、血液等。

四、分析策略

细胞毒性检测时,需要观察细胞形态、细胞生长状态,检测细胞活性包括代谢活性、膜电位变化和细胞膜对核酸染料的通透性等。进行细胞毒性评价时,需要对待检测物质设定一定浓度,根据细胞存活率分析引起细胞毒性的物质浓度。根据检测目的选择合适的细胞类型,有针对性地深入分析对某类细胞有哪些功能影响。

细胞模型概述

细胞模型一般指把细胞的结构和形状模式化,便于明确细胞间的相互作用,明确机能与结构和形态之间的相互关系,可在某种层面模拟疾病的特征,常用于相关疾病机制研究和治疗研究。

一、原代细胞

原代细胞是通过酶解或物理方法从活体组织(例如活检材料)或者血液中直接分离获取,并在体外培养的细胞。由于原代细胞经历极少的群体倍增,保留了其原始组织的表型和基因型特征,比连续(肿瘤或人工永生化的)细胞系更能代表其来源组织的主要功能成分。原代细胞可更好地反映细胞在体内的生长状态,从而获得与体内生理功能更接近的数据,适合用于药物测试、细胞分化和转化等实验研究。

二、细胞系

细胞系指的是原代细胞培养物经首次传代成功后所繁殖的细胞群体,在其存活期间,具有最高生长能力的细胞将占据主导地位,导致细胞群体在基因型和表型上可以达到一定程度的均一性,故而可以用于解决原代细胞培养中寿命短和扩增受限的问题。相比于原代培养的细胞,细胞系更为均一和标准化,在药物筛选和毒理学研究中具有重要作用。

常用细胞系及组织来源如图 6.1 所示,组织来源包括心脏、乳腺、肾脏、小肠、卵巢、前列腺、子宫颈、胰腺、肝脏、肺、淋巴和脑。例如,HepG2 细胞系源自肝脏的癌组织,是正常肝细胞的有效替代物,HepG2 细胞系显示出与天然肝细胞相似的形态和功能特性,可以合成肝细胞相关的血清蛋白(清蛋白、α2-巨球蛋白、丝氨酸蛋白酶抑制剂 A1、α-抗胰蛋白酶,转铁蛋白和血纤维蛋白溶酶原等)。Caco-2 细胞是人结肠癌细胞,具有与小肠上皮细胞相同的微绒毛结构,由于形态学及生化性质都与小肠上皮很相似,Caco-2 细胞模型已广泛用于体外药物分子肠吸收的研究。多种癌细胞系是研究肿瘤发生发展的常用模型,针对不同癌症,选择对应的癌细胞系,同一种癌细胞系的细胞(例如乳腺癌细胞系 MCF-7 和 MDA-MB-231)具有各自的特点,需要根据研究目的选择合适的细胞模型。

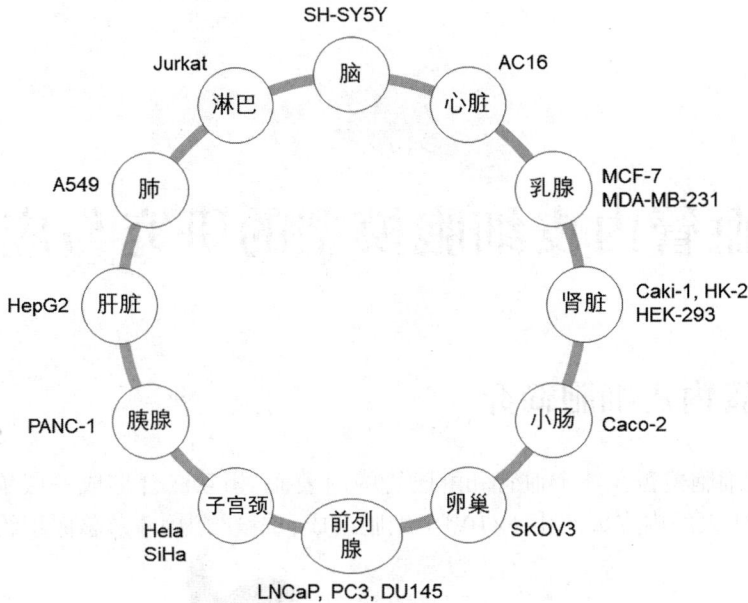

图 6.1　常用细胞系及组织来源

三、干细胞

　　干细胞具有无限的增殖能力,干细胞在发育生物学、疾病建模和细胞治疗领域具有巨大的潜力。根据不同的分化潜能,干细胞可分为全能干细胞、多能干细胞、单能干细胞;根据发生学来源,干细胞又可分为成体干细胞和胚胎干细胞。

　　例如,骨髓间充质干细胞(BM-MSCs)和造血干细胞(HSCs)是从成人组织中分离出来的,是具有自我更新能力的成体干细胞,这些多能成体干细胞被广泛用作预测药物毒性的体外细胞模型。人脐静脉内皮细胞是一种来源于脐带组织的干细胞,常用于做体外实验(探究内皮细胞的功能)和研究心血管疾病或者癌症的病理机制。

血管内皮细胞模型的研究与应用

一、血管内皮细胞简介

血管内皮细胞覆盖在整个血管和淋巴管的内表面,相互嵌合形成一层单细胞薄膜即内皮(图6.2)。成年人的内皮大约由 1×10^{13} 个细胞组成,重量约为 1 kg,总面积约为 350 m^2。

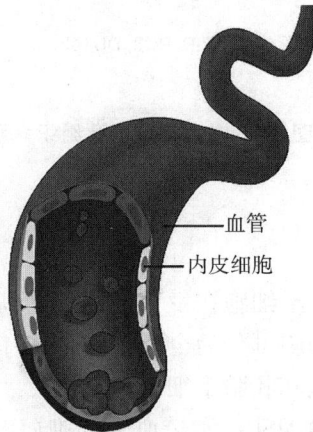

图 6.2　血管切面显示血管内皮细胞示意图

血管内皮细胞一般呈梭形,但不同的个体具有差异性,即使是同一个体,因血管部位不同,其内皮细胞同样具有差异性。例如静脉血管内皮细胞、动脉血管内皮细胞、微血管内皮细胞,它们表达的标志物不同,受到外部刺激的反应程度也不同。

二、血管内皮细胞功能

血管内皮细胞具有多种功能,首先其存在的位置和组成的形态决定了内皮细胞具有血管屏障功能,能对血流剪切应力做出反应,能选择性地控制物质在血液和组织之间的交换。内皮细胞参与血管生成,能够分泌多种调节因子以维持血管稳态。

1. 屏障功能

血管内皮细胞组成的内皮是血液系统和组织间的屏障,可控制特定的小分子或大分子物质转移。内皮细胞的连接是通过跨膜黏附分子与细胞质或者细胞骨架连接实现的,包括紧密连接(TJ),黏附连接(AJ)和间隙连接(GJ)。细胞连接的紧密程度决定了内皮的通透性。由于内皮细胞表型的组织差异,不同组织血管内皮通透性不同,VE-钙黏着蛋白(VE-cadherin)是内皮 AJ 的关键跨膜成分,仅在血管内皮细胞中表达。

2. 血管生成

血管内皮细胞迁移是血管生成的重要过程。在血管发育过程中,主要涉及两种机制,血管发生和血管生成。血管发生主要出现在胚胎发育过程中,由中胚层分化而来的成血管细胞聚集形成细胞群——原始血岛,血岛外围的成血管细胞分化成内皮细胞,在趋化因子和其他因素作用下,内皮细胞迁移使血岛能够融合重塑成管状从而形成最初的血管。血管生成则是在原有血管网上通过发芽或者非发芽的方式重塑生成新的血管,在后期器官发生,特别是大脑形成中最常见。

3. 维持血管稳态

血管内皮细胞能够分泌多种调节因子以维持血管稳态。被激活的内皮细胞合成的血小板活化因子能够与 P-选择素共同介导血小板和中性粒细胞与内皮的黏附。内皮细胞还可产生核酸外切酶,抑制血小板聚集。内皮功能障碍被认为是动脉粥样硬化的早期指标,其特征是黏附分子的过度表达,包括细胞间黏附分子-1(ICAM-1)和血管细胞黏附分子-1(VCAM-1)。ICAM-1 和 VCAM-1 仅在静止的内皮细胞中微量表达,通过调节淋巴细胞和白细胞向组织的移动,在免疫和炎症反应中起关键作用。白细胞介素 IL-6 是内皮细胞响应白细胞介素和肿瘤坏死因子而产生的,能够增加内皮通透性,诱导人淋巴细胞 CD4 细胞黏附,参与免疫反应。

4. 发挥一氧化氮(NO)的功能

血管内皮细胞自分泌 NO,主要由一氧化氮合酶(NOS)催化 L-精氨酸产生,共有三种同工酶,包括神经型一氧化氮合酶(nNOS)、内皮型一氧化氮合酶(eNOS)和诱导型一氧化氮合酶(iNOS),eNOS 主要存在于内皮细胞中,nNOS 主要存在于神经细胞中,而 iNOS 主要存在于心肌细胞、血管平滑肌细胞、成纤维细胞、内皮细胞及炎症细胞中。血管的舒张主要由内皮细胞释放的 NO 发挥内源性舒张因子的作用来调节,NO 是生命体内被发现的第一个气体信号传导分子。除血管舒张作用,NO 还具有多种功能,包括控制心脏收缩(通过调节 Ca^{2+} 稳态或肌丝 Ca^{2+} 敏感性来控制心肌细胞的收缩)和介导细胞迁移(调控血管内皮细胞和平滑肌细胞迁移)。

三、血管内皮细胞的功能分析

1. 血管内皮细胞骨架和通透性分析

血管内皮细胞有完整的细胞骨架结构,其功能包括维持血管壁的完整性、具有血管屏障作用、参与细胞信号传导。当内皮细胞功能失调,出现炎症反应时,细胞骨架结构改变,导致细间缝隙形成、血管通透性升高,血管内皮失去屏障作用。

骨架蛋白是构成内皮细胞屏障的主要物质基础,特别是肌动蛋白(F-actin)的重组和再分布是导致内皮细胞通透性增高的病理基础。β-连环蛋白(β-catenin)作为一种黏附连接蛋白,通过调控细胞生长以及胞间黏附,维持正常的组织结构和形态发生;β-catenin 是经典 Wnt 信号通路下游的关键功能效应分子,在胚胎发育、组织稳态和肿瘤发生发展中至关重要。如 β-catenin 异常使细胞连接密度降低而松散。VE-cadherin 是血管内皮细胞黏附连接的主要成分,是控制血管通透性的关键分子。其结构和功能异常会引起细胞间缝隙形成、血管通透性升高,导致血管内皮失去屏障作用。

因此,进行血管内皮细胞骨架和通透性分析需要观察细胞骨架结构的变化,测定内皮细胞通透性的变化,同时检测相关调控基因和蛋白的表达变化。

2. 血管内皮细胞自分泌因子分析

血管内皮细胞可以产生和分泌多种生物活性物质,这些物质是血管结构和功能调节的重要因子,参与机体正常调节。当周围环境改变造成功能紊乱时会发生氧化应激和炎症反应,许多细胞因子表达异常,而内皮细胞分泌的各种细胞因子会影响细胞的微环境。

血管内皮细胞产生血管内皮生长因子(VEGF),VEGF 是众多促进血管生成的因子之一,可直接作用于血管内皮细胞,促进肿瘤血管新生,它在肿瘤的形成、生长、侵袭及转移过程中扮演重要角色。血管内皮细胞分泌的趋化因子和白细胞介素(IL-6、IL-8、IL-1β)可导致慢性炎症反应。因此,可以通过检测 VEGF 和白细胞介素的分泌和表达水平等来进行分析。

3. 血管内皮细胞中一氧化氮合成分析

一氧化氮生成减少是内皮细胞功能障碍的早期典型表现,一氧化氮依赖性内皮功能障碍被广泛认为是动脉粥样硬化发生的第一步,与高血压等心血管疾病有关。一氧化氮具有直接抑制内皮细胞迁移的作用,血管内皮细胞中一氧化氮的合成主要由内皮型一氧化氮合成酶(eNOS)负责。eNOS 是 PI3K/AKT 信号通路的下游基因,可通过调节一氧化氮合成和分泌在内皮细胞迁移和血管生成中发挥重要作用。PI3K/AKT 可通过激活 eNOS 的表达促进一氧化氮的生成来调节细胞迁移,此外一氧化氮的生成还受到 NF-κB 信号通路的影响。因此,可以通过检测一氧化氮的分泌和 eNOS 表达水平等来进行分析,再利用 qRT-PCR 检测相关信号通路关键基因的变化进行深入分析。

Caco-2 细胞单层模型的研究与应用

一、Caco-2 细胞单层模型简介

Caco-2 细胞是人结肠癌细胞,其结构和功能类似于分化的小肠上皮细胞,具有微绒毛等结构,并含有与小肠刷状缘上皮相关的酶,可以用来进行模拟体内肠转运的实验。在细胞培养条件下,生长在多孔的可渗透聚碳酸酯膜上的细胞可融合并分化为肠上皮细胞,形成连续的单层,因此,常构建 Caco-2 细胞单层模型用于深入研究。Caco-2 细胞单层模型已经成为一种预测药物人体小肠吸收以及研究药物转运机制的标准的体外筛选工具。

二、Caco-2 细胞单层模型的建立与评价

1. Caco-2 细胞单层模型的建立方法

在 Transwell 小室培养 Caco-2 细胞 9~21 天构建 Caco-2 细胞单层模型,测试其跨上皮电阻(TEER),测定细胞单层通透性、膜完整性和碱性磷酸酶的活性,观察细胞形态,检测紧密连接蛋白(ZO-1)表达。

2. Caco-2 细胞单层模型的评价方法

形态学上,观察小肠微绒毛结构及细胞间紧密连接;在细胞生长过程中测定小肠刷状缘细胞标志酶,即碱性磷酸酶的活性;测定 Caco-2 细胞单层的跨膜电阻;测定漏出标志物(甘露醇、荧光黄等)被动扩散的跨膜通量;用辣根过氧化物酶测定 Caco-2 细胞的胞饮功能。

三、Caco-2 细胞单层模型的优缺点

1. 优点

细胞培养条件相对容易控制,能够简便、快速地获得大量新的、有价值的信息,这些信息易于转化为药物转运、代谢的基本原理。Caco-2 细胞来源于人结肠,因此同源性好。该模型与药物在肠中的吸收有良好的相关性、较高的重现性。该模型有较广泛的适用性(可用于原

料药、制剂、大分子、小分子的跨肠膜研究)。Caco-2 细胞内有药物代谢酶,可在有代谢状况下测定药物的跨肠膜转运,可用于区分肠腔内的不同吸收途径。

2. 缺点

该模型本身为纯细胞系,缺乏分泌黏液的杯状细胞,因而缺乏小肠上皮中的黏液层。Caco-2 细胞培养时间过长(21 天),且缺少统一的操作标准,有时结果缺乏可比性。由于 Caco-2 细胞来源于人结肠,该细胞的转运特性、酶的表达以及跨膜电阻相对更能反映结肠细胞而非小肠细胞。Caco-2 细胞形成的细胞间紧密连接比在小肠上皮细胞中更具特征性,其 TEER 值比正常小肠上皮细胞的值高,这限制了水溶性小分子药物细胞间转运的应用研究。Caco-2 细胞的吸收转运体表达较小肠上皮细胞的低,因而对主动转运药物的研究相对不如对被动扩散药物研究成功。

四、Caco-2 细胞单层模型的优化与改进

(1)优化细胞培养条件,尽量缩短细胞培养的时间。

(2)进行细胞共培养,如与杯状细胞 HT29 共同培养,为 Caco-2 细胞单层模型提供其缺乏的黏液层。

(3)用经典的细胞生物学方法诱导 Caco-2 细胞上缺乏或低表达的药物代谢相关酶和转运体的表达。

(4)利用重组技术,在 Caco-2 细胞中引入细胞色素 P450(CYP)-cDNA,提高 CYP3A4 和 CYP2A6 的表达。

(5)通过培养 CYP3A4 表达的 Caco-2 细胞,开拓 Caco-2 模型在研究药物代谢方面的应用。

五、Caco-2 细胞单层模型的应用

Caco-2 细胞单层模型用于药物吸收机制研究、药物外排机制的研究、被动转运和载体介导主动转运的研究、药物代谢的研究等。

第五节

常用肿瘤细胞系的研究与应用

　　肿瘤是指细胞在致瘤因素作用下,基因发生了改变,失去对其生长的正常调控,导致异常增生。肿瘤组织由肿瘤实质和肿瘤间质两部分构成,其中肿瘤实质是肿瘤细胞,是肿瘤的主要成分,具有组织来源特异性。在抗癌治疗中,可通过对恶性肿瘤细胞的特征进行鉴定,选择性地阻断癌细胞的生长。

　　当前建立的细胞系中癌细胞系是最多的,这里将不同肿瘤的常用细胞系与常用动物模型一并归纳整理如表 6.2 所示。

表 6.2　不同肿瘤的常用细胞系与常用动物模型

类型	常用细胞系	常用动物模型
神经肿瘤	人神经母细胞瘤细胞(SK-N-AS,SH-SY5Y); 人脑胶质瘤细胞(BT325,SHG-44); 人神经胶质瘤细胞(U87,U373,H4); 脑干胶质瘤细胞(LN229)	移植瘤模型
鼻咽癌	人鼻咽癌高分化鳞状细胞癌细胞系(CNE-1); 人鼻咽癌低分化鳞状细胞癌细胞系(CNE-2,HNE1-3, HONE-1,SUNE-1)	鼻咽癌移植瘤小鼠模型
食管癌	TE-1,Eca109,EC109	食管癌移植瘤小鼠模型
胃癌	MKN-45,SGC-7901,NCI-N87,SNU-16,MGC-803	胃癌腹膜转移小鼠模型
肺癌	A549,H460,H146,SPC-A1,H838,HCC827	原发肺癌小鼠模型和非小细胞肺癌原位移植瘤小鼠模型
肝癌	HepG2,SMMC-7721,Hep3B,J5	小鼠人源性肝癌移植瘤模型 原发肝癌小鼠模型
胆管癌	HUCCT1,RBE,HCCC-9810,CCLP-1	胆管癌移植瘤小鼠模型
胰腺癌	AsPC-1,BxPC-3,Capan-1,Capan-2,PANC-1	胰腺癌移植瘤小鼠模型 转 Ras 小鼠模型
结肠癌	CT26,HCT-8,Caco-2	结肠癌全身转移动物模型
肾癌	HRC-A498,786-0,Caki-1,ACHN,OS-RC-2	肾癌移植瘤小鼠模型

类型	常用细胞系	常用动物模型
骨肉瘤	143B,SW1353,SaOS-2,U2OS,MG-63	p53+/-小鼠模型 骨肉瘤移植瘤模型
皮肤癌	黑色素瘤（B16F10,B16BL6,B78D4,SK-MEL-5,SK-MEL-28,SK-MEL-31,MeWo,WM3734）； 非黑色素瘤（SCC 细胞株：SCC-13,HSQ-89,HSC-2,SCL-1；BCC 细胞株：A431,TE-354-T）	移植瘤模型
卵巢癌	Caov-3,PA-1,Skov-3	卵巢癌移植瘤小鼠模型
膀胱癌	5637、T24	原位移植瘤小鼠模型
前列腺癌	LNCaP、PC-3、DU145	前列腺癌异体移植瘤小鼠模型
乳腺癌	雌激素受体 ER 阳性：MCF7,T-47D ,ZR-75-1； 雌激素受体 ER 阴性：MDA-MB-231,SK-BR-3,MDA-MB-453,HCC1954	小鼠人源性乳腺癌移植瘤模型 原发乳腺癌小鼠模型 原发乳腺癌大鼠模型
宫颈癌	HeLa,HCC-94,MEG-01,MS751,HCE-1,SiHa	小鼠人源性宫颈癌移植瘤模型

一、前列腺癌细胞模型

前列腺癌细胞是体外研究前列腺癌发生发展机制的重要工具,目前研究常用的人前列腺癌细胞系包括 LNCaP 细胞、PC3 细胞和 DU145 细胞。

LNCaP 细胞是从一位 50 岁前列腺癌转移患者淋巴结活体组织中分离建立的细胞系,具有激素依赖性,生长比较缓慢,属于低度转移细胞,主要用于激素依赖性前列腺癌发生及早期原位癌的研究,也有部分用于前列腺癌的迁移侵袭等细胞行为影响的研究。

PC3 细胞来源于一位 62 岁Ⅳ级前列腺癌患者骨头转移灶中分离建立的细胞系,为非激素依赖性,生长较为快速,具有中度转移能力,主要用于去势抵抗性前列腺癌的研究,大部分用于前列腺癌细胞发生迁移侵袭等恶性生物学行为影响的研究。

DU145 细胞源于一位有 3 年淋巴细胞白血病史的前列腺癌患者的脑部转移灶中分离建立的细胞系,为非激素依赖性,生长速度很快,具有高度转移能力,除去势抵抗性前列腺癌外被广泛用于前列腺癌机制分析各个层面研究中。

在实际应用中,选择非激素依赖性且具有中高度转移能力的两种前列腺癌细胞(PC3 和DU145)作为研究对象(图 6.2),可以分析环境污染物对前列腺癌细胞迁移和侵袭的影响和分子机制,在表型上测定分析细胞迁移和侵袭能力的变化,在分子机制上分析上皮–间质转化(EMT)生物标志物和相关信号通路的变化,从而进一步研究关键基因的表达和转录后的调控机制。

(a) PC3

(b) DU145

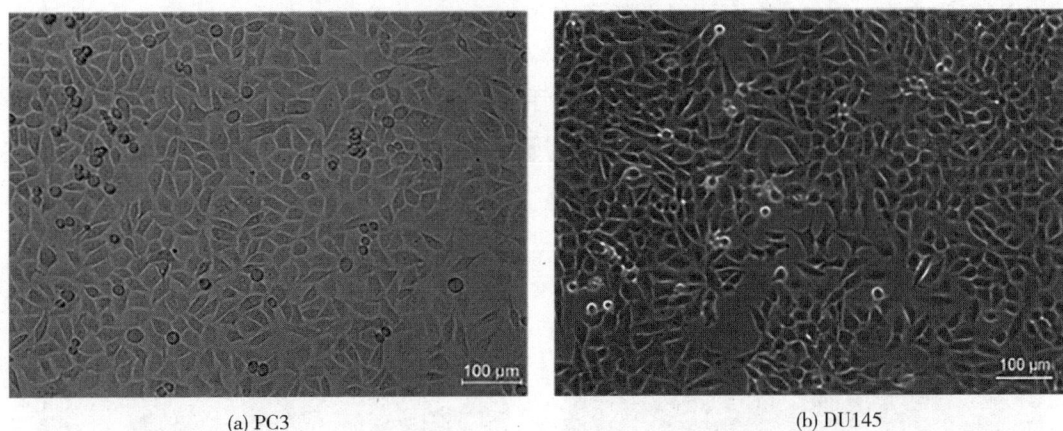

图 6.2　不同类型的前列腺癌细胞形态

二、乳腺癌细胞模型

乳腺癌细胞是体外研究乳腺癌发生发展机制的重要工具,目前研究常用的人类乳腺癌细胞系包括 MCF-7 细胞、MDA-MB-231 细胞,这两种不同类型的乳腺癌细胞形态见图 6.3。

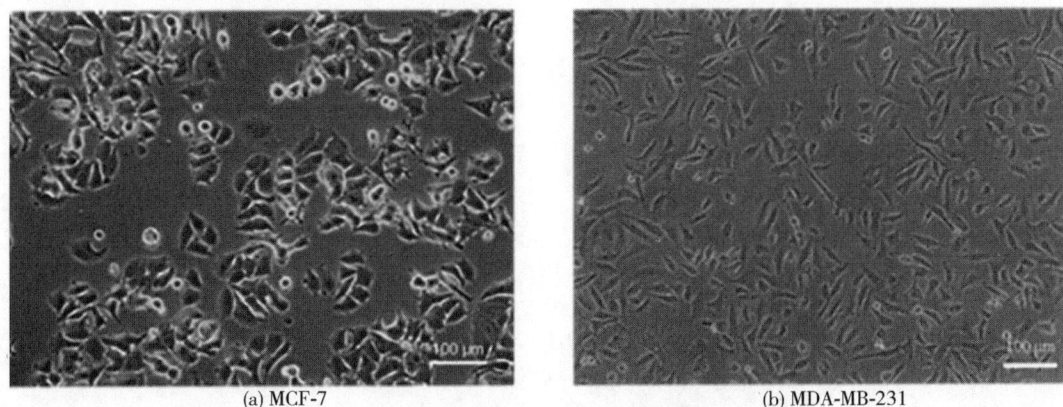

(a) MCF-7

(b) MDA-MB-231

图 6.3　不同类型的乳腺癌细胞形态

MCF-7 细胞来自一位 69 岁的白人女性乳腺癌患者的胸腔积液。这一细胞保留了多个分化乳腺上皮的特性,包括能通过胞质雌激素受体加工雌二醇,表达 WNT7B 癌基因,细胞培养形态上呈岛状生长,主要用于雌激素效应研究和乳腺癌研究。

MDA-MB-231 细胞来自一位 51 岁的白人女性乳腺癌患者的胸腔积液,表达表皮生长因子 EGF 受体、TGF-α 受体和 WNT7B 癌基因,主要用于乳腺癌转移相关研究。

三、子宫颈癌细胞模型

子宫颈癌细胞是体外研究宫颈癌发生发展机制的重要工具,目前研究常用的人子宫颈癌细胞系包括 Hela 细胞、SiHa 细胞,这两种不同类型的子宫颈癌细胞形态见图 6.4。

Hela 细胞来自一位 31 岁女性黑人的子宫颈癌组织,腺癌,p53 表达量较低,但表达正常水平的 pRB,形态上呈上皮细胞样。

SiHa 细胞来自一位 55 岁日本病人的外科手术的原位组织,鳞癌,pRB 和 p53 阳性。形态上呈上皮细胞样,电镜下细胞连接处有典型的桥粒,细胞胞质中有丰富的张力丝。

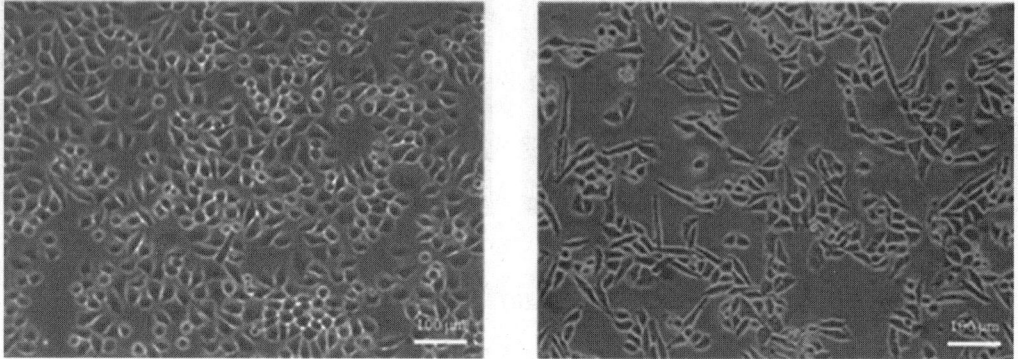

(a) Hela

(b) SiHa

图 6.4　不同类型的子宫颈癌细胞形态

第七章
细胞转染技术

　　细胞转染是将外源分子 (DNA/RNA) 导入真核细胞的实验技术之一，其中 DNA 转染是真核细胞主动或被动导入外源 DNA 片段而获得新的表型的过程，通常用于基因表达和蛋白质合成的研究；RNA 转染指将 RNA 分子导入细胞的过程，主要用于 RNA 的研究，以探究特定基因的功能和调控机制。细胞转染技术在生命科学研究和新药开发等领域具有广泛的应用前景，为基因功能研究、疾病治疗和新药开发提供了有效的工具和方法。本章对细胞转染进行了概述，并介绍了 DNA 转染技术、RNA 转染技术、绿色荧光蛋白表达载体的应用和细胞转染应用的研究。

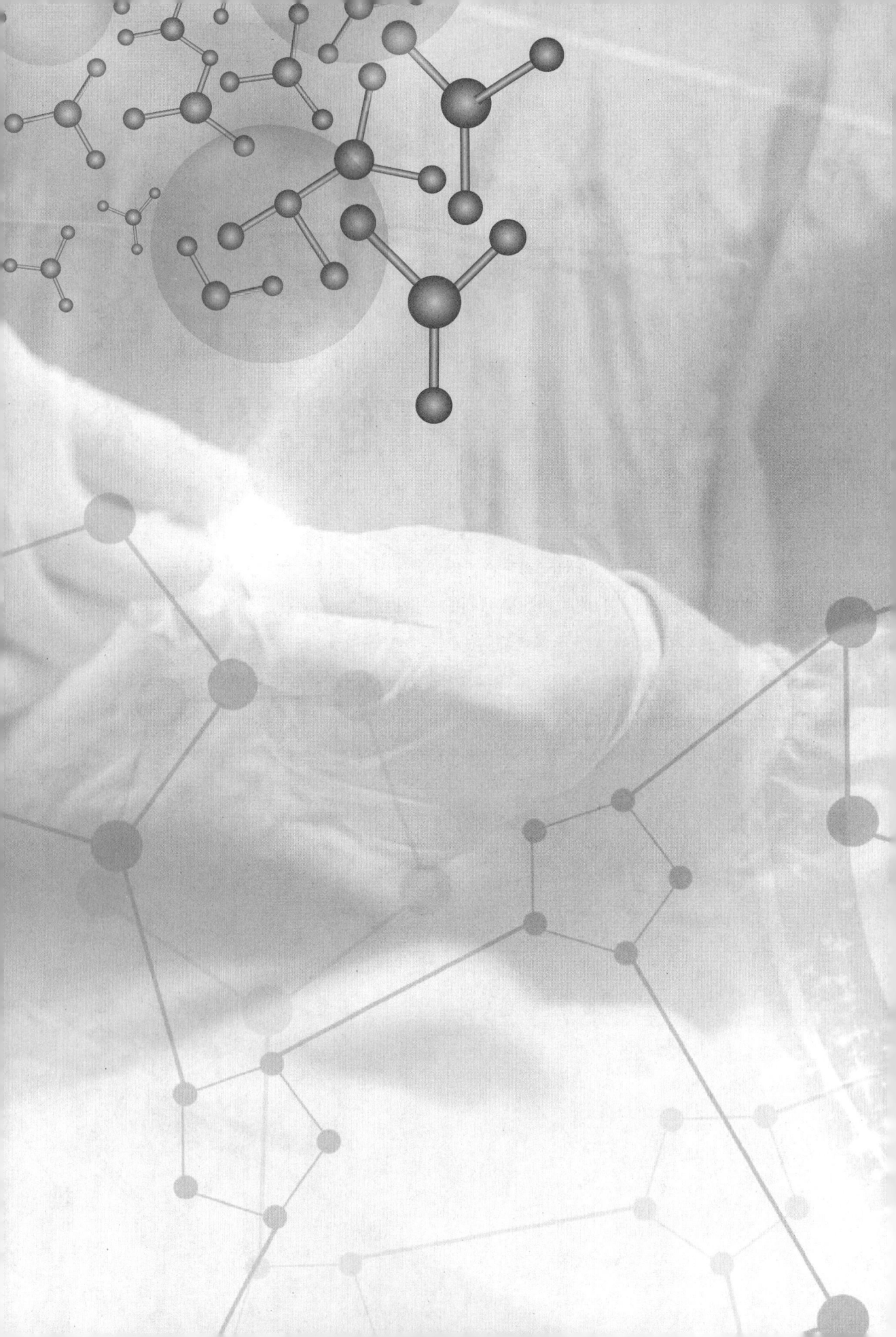

第一节
细胞转染的概述

一、细胞转染的定义和分类

细胞转染,简称转染,是指将外源分子(DNA/RNA)导入真核细胞,通过表达、沉默或敲低细胞内的某个基因来研究该基因对细胞生命活动的影响,是研究和控制真核细胞基因功能的常规手段。

根据转染的稳定性和效率,细胞转染分为瞬时转染和稳定转染。瞬时转染是外源 DNA/RNA 不整合到宿主染色体中,仅在细胞分裂周期内表达,因此一个宿主细胞中可存在多个拷贝数,产生高水平表达,但通常只持续几天,一般在 24~96 h 内分析结果。质粒 DNA、小干扰RNA(siRNA)、微小 RNA(miRNA)和长链 RNA(LncRNA)都可进行瞬时转染。稳定转染是外源 DNA/RNA 既可以整合到宿主细胞中,也可能作为一种游离体存在,且高水平表达持续时间长,可达 1 个月。通常需要通过做一些选择性标记来得到稳定转染的同源细胞系。稳定转染的核酸多为质粒 DNA。

二、细胞转染方法

理想的细胞转染方法应该具有转染效率高、细胞毒性小、转染方法不复杂、安全性好、转染效果反映基因功能等特点。根据转染试剂的不同,转染可分为生物转染、物理转染和化学转染:生物转染比较多见,以病毒介导的转染为主;物理转染是通过物理方法将基因导入细胞,包括电穿孔法、显微注射法和基因枪法;化学转染方法很多,如经典的磷酸钙共沉淀法、阳离子脂质体转染法等。

1. 生物转染

病毒转染是以病毒作为载体,通过病毒感染的方式将 DNA 转入细胞中,是将外源基因导入细胞最有效的方法。腺病毒、逆转录病毒和慢病毒载体已广泛用于哺乳动物细胞体内外的基因转染,不同病毒的转染各有特点(表 7.1)。

表 7.1　不同病毒的转染特点

病毒载体类型	病毒载体大小	适用细胞类型	表达情况	缺点
腺病毒 （Adenovirus）	8 kb	分裂细胞 非分裂细胞	瞬时	高度免疫
逆转录病毒 （Retroviral）	8 kb	分裂细胞	稳定	随机插入
慢病毒 （Lentiviral）	9 kb	分裂细胞 非分裂细胞	稳定	随机插入

　　生物转染的基本操作是通过基因克隆方法构建含有目的基因的病毒载体,用特定转染试剂将病毒载体转入包装细胞系 HEK293 细胞中,扩增并分离得到重组病毒颗粒,纯化并滴定病毒液,感染目标细胞(含有病毒特异性的受体),从培养基中移除病毒,检测目的基因,进行后续分析。

　　生物转染效率高,可稳定遗传,适用于各种不同来源的细胞,操作简单,但存在安全问题,多数病毒有其潜在的危险性,操作者必须在病毒实验室操作,并且要有一定的病毒操作经验。

2. 物理转染

(1)电穿孔法

　　电穿孔法是利用高压电脉冲对细胞膜的干扰,使其形成有利于核酸进入的微孔。电穿孔技术可用于瞬时转染和稳定转染,也可用于悬浮细胞,其重现性好,但可能会需要较多的细胞。使用电穿孔法时,影响转染效率的主要因素是脉冲强度和持续时间,此时,必须找到能够使核酸有效释放而又不杀死细胞的最佳平衡点。

　　电穿孔法的优点是操作简单、应用广泛、转染效率高,且不改变靶细胞的结构和功能,但其缺点是毒性较大,细胞死亡率高。

(2)显微注射法

　　显微注射法是利用玻璃的管尖极细(0.1~0.5 μm)的微量注射针,将外源基因片段直接注射到原核期胚胎或正在培养的细胞中,然后使外源基因嵌入宿主的染色体内。这种方法常适用于转基因动物,但不适用于需要大量转染细胞的研究。

　　此法的优点是能非常有效地将核酸导入细胞或细胞核内;缺点是直接将 DNA 注射到细胞内部耗时,对技术要求较高,而且细胞种类有限,需有相当精密的显微操作设备。

(3)基因枪法

　　基因枪法,又叫粒子轰击细胞法或微弹技术。基因枪的作用是用压缩气体(氦或氮等)的动力产生一种冷的气体冲击波进入轰击室,把黏有 DNA 的细微金粉打向细胞,使其穿过细胞壁、细胞膜、细胞质等层层构造到达细胞核,完成基因转移。该法依靠携带了核酸的高速粒子而将核酸导入细胞内,适用于培养的细胞和在体的细胞。

　　此法的优点是不易毒害细胞,但缺点是很少有细胞能符合要求,效率低。

3. 化学转染

(1) 磷酸钙共沉淀法

其原理是将 DNA 和氯化钙在磷酸盐缓冲液中混合,形成磷酸钙-DNA 微沉淀物,将其附着于细胞膜表面,并经过细胞内吞作用进入细胞。

此法的优点是试剂易得、价格低,故其被广泛用于瞬时转染和稳定转染的研究;缺点是转化效率通常很低。

这一方法的基本操作是先纯化 DNA,再将 DNA 和氯化钙混合,把混合物注入磷酸缓冲液中,在室温下孵育并慢慢形成极细的、可溶的磷酸钙-DNA 共沉淀物,再把含有共沉淀物的混悬液附着于培养过的细胞上,共沉淀物会通过胞膜的内吞作用进入细胞。

在使用此方法时的影响因素包括磷酸钙-DNA 共沉淀物中 DNA 的数量、共沉淀物与细胞接触的时间等。一般说来,在磷酸钙转染实验中使用的 DNA 浓度为 $1\sim50$ μg/mL。DNA-磷酸钙共沉淀物同细胞接触的最适保温时间因细胞的类型而异。促进因子通常在 DNA-磷酸钙共沉淀物被细胞吸收 $4\sim8$ 小时之后再加入。

(2) 阳离子脂质体转染法(图 7.1)

其原理是阳离子脂质体试剂与 DNA 混合后,形成一种稳定的脂质双层复合物,DNA 被包在脂质体中间,这种脂质双层复合物可直接加到培养的细胞中,脂质体黏附到细胞表面并与细胞膜融合,通过内吞作用进入细胞,然后 DNA 被释放到胞浆中。

此法是目前应用最广泛的转染法,适用于瞬时转染和稳定转染。商业化阳离子脂质体包括 Lipofectamine 2 000/3 000, RNAiMAX(Life);X-tremeGENE(Roche);FuGene (Promega)。

基本操作:将 DNA、RNA、siRNA 或寡核苷酸和转染试剂分别在不同的管中稀释,将两者混合形成混合物,把形成的混合物加到细胞中,脂质体的正电荷有助于帮助复合物黏附到细胞膜上,复合物经细胞内吞作用进入细胞。

此法的优点是使用方法简单,可携带大片段 DNA,通用于各种类型的裸露 DNA 或 RNA,能转染各种类型的细胞,没有免疫原性;缺点是虽在体外基因转染中有很高的效率,但在体内能诱发强烈的抗炎反应,导致高水平的毒性。

在使用此方法时最关键就是防止产生毒性,因此脂质体与质粒的比例,细胞密度以及转染的时间长短和培养基中血清的含量都是影响其转染效率的重要因素,应通过实验摸索合适的转染条件。

(3) 阳离子聚合物转染法

这种转染的原理是阳离子聚合物与核酸等形成稳定的复合物会被细胞内吞,应用于瞬时转染和稳定转染,其浓缩 DNA 的效率更高。

作为最新一代的转染试剂,阳离子聚合物优点是水溶性好、操作简单、稳定性好、转染效率高、细胞毒性低;缺点是需要通过调节聚合物和 DNA 比例优化实验条件。

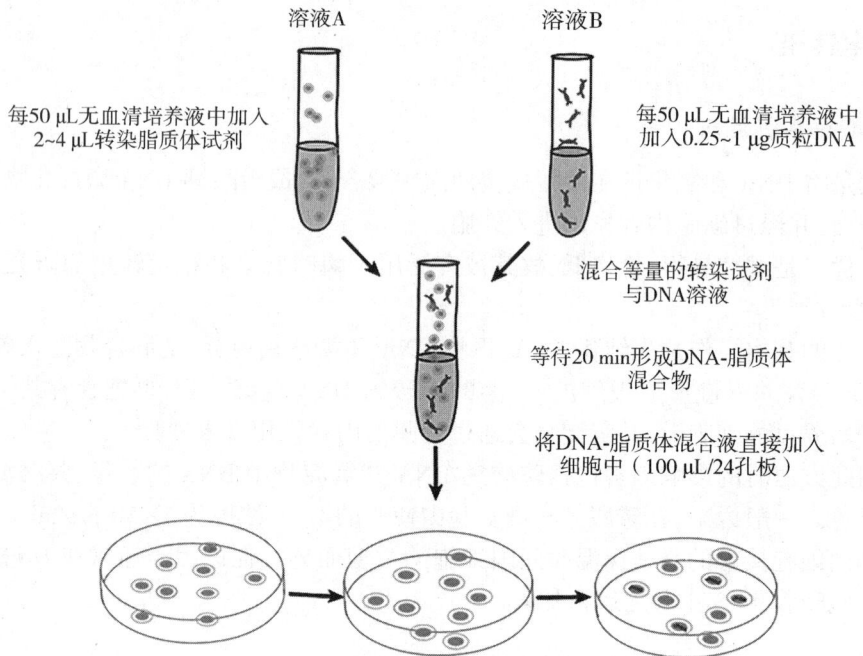

溶液A　　　　　　　　溶液B

每50 μL无血清培养液中加入
2~4 μL转染脂质体试剂

每50 μL无血清培养液中
加入0.25~1 μg质粒DNA

混合等量的转染试剂
与DNA溶液

等待20 min形成DNA-脂质体
混合物

将DNA-脂质体混合液直接加入
细胞中（100 μL/24孔板）

图 7.1　阳离子脂质体转染方法

三、常用转染细胞及其应用

常用于转染的细胞具有不同的特点,应用也各不相同。例如人胚胎肾细胞(HEK293),这种细胞系具有高转染效率和稳定性的特点,常用于基因克隆和疫苗生产。人的子宫颈癌细胞(HeLa)具有高分裂速度和稳定性的特点,常用于基因功能研究和蛋白质生产。人骨髓瘤细胞(U266)具有高分化和稳定性的特点,常用于基因克隆和药物筛选。小鼠胚胎成纤维细胞(NIH3T3)具有低免疫和高分裂的特点,常用于基因敲除和药物筛选。大鼠胶质瘤细胞(C6)具有高分化和稳定性的特点,常用于药物筛选和肿瘤研究。

需要注意的是,不同的细胞类型具有不同的转染效率和特点,实验人员需要根据具体实验需求和细胞特点选择适合的转染方法和技术。

四、影响转染效率的因素

影响转染效率的因素很多,包括细胞因素、转染试剂、转染条件、载体因素和转染方案等。

1. 细胞因素

不同细胞类型的转染效率通常不同,分裂细胞要高于非分裂细胞,贴壁细胞相比较悬浮细胞更容易转染,不同细胞系的转染效率也不同。一般低的细胞代数(<50)能确保基因型不变,转染效果比较稳定。最适合转染的细胞是经过几次传代后达到指数生长期的细胞,此时细胞生长旺盛,最容易转染。

2. 转染试剂

转染成功的关键在于转染试剂的选择。在转染实验前应根据实验要求和细胞特性选择适合的转染试剂。每种转染试剂的公司都会提供一些已经成功转染的细胞株列表和文献,通过这些资料可选择最适合实验设计,以及高效、低毒、方便的转染试剂。

3. 转染条件

不同转染试剂有不同的转染条件,转染时应根据具体转染试剂公司的推荐条件进行转染,但不同实验室的细胞转染效果可能不同,还应根据实验室的具体条件来确定最佳转染条件。

(1)细胞培养物

不同细胞需要不同的培养基、血清和添加物。血清的存在会影响 DNA-转染复合物的形成,因此在 DNA-转染复合物形成时需要用无血清培养基来稀释 DNA 和转染试剂。有的转染试剂会增加细胞的通透性,抗生素进入细胞可能会导致细胞死亡,造成转染效率低。因此在转染前和转染时不要添加抗生素,可以在转染 24 h 后更换成完全培养基(含有血清和抗生素)进行后续实验。无菌的细胞培养物是成功转染的基础,一定要避免细菌、支原体或真菌的污染。

(2)细胞密度

细胞密度对转染效率有一定的影响,高的转染效率需要一定的细胞密度。对于不同的转染试剂,要求转染时的最适细胞密度各不相同,即使是同一种试剂,也会因不同的细胞类型或应用而异。不同的实验目的也会影响转染时的铺板密度,比如研究细胞周期相关基因等表达周期长的基因,就需要较低的铺板密度,如转染质粒 DNA 时细胞密度需要达到 70%~90%,但转染 siRNA 或 miRNA 时细胞密度在 20%~40%。

(3)DNA 质量

DNA 质量对转染效率的影响非常大。一般的转染技术(如脂质体等)是基于电荷吸引原理的,如果 DNA 不纯,带有少量的盐离子、蛋白质、代谢物都会显著影响转染复合物的有效形成及转染的进行。此外,对一些内毒素敏感的细胞(如原代细胞、悬浮细胞、造血细胞),需要避免内毒素污染,应在质粒抽提过程中去除脂多糖分子,保证理想的转染效果。

氮磷比(N/P)是转染效率的关键(一般以 DNA 与转染试剂质量比表示),在一定比例范围内转染效率随 N/P 成比例增高,毒性也随之增加,因此在实验之前应根据推荐比,确定本实验的最佳转染比。

4. 载体因素

转染载体的构建也会影响转染效率。病毒载体对特定的宿主细胞感染效率较高,但不同病毒载体有其特定的宿主,有的还要求是在特定的细胞周期内转染,如逆转录病毒需侵染处在分裂期的宿主细胞。除载体构建外,载体的形态及大小对转染效率也有不同的影响,同时做空载体及其他基因的相同载体作为对照可排除毒性影响的干扰。

5. 转染方案

合适的转染方案可保证转染顺利进行。最好参考所选转染试剂的说明书建立一套优化转染方案。首先从一种标准方案开始做起,后面再进行优化实验,包括适当的细胞接种量、DNA/转染试剂质量比、培养时间、有效转染浓度等。

第二节
DNA 转染技术

一、DNA 转染的概述

DNA 转染是指利用不同的载体物质携带 DNA 通过直接穿膜或膜融合的方法将外源 DNA 分子导入真核细胞,使外源基因表达,从而针对某个基因和蛋白质的功能进行一系列生物学功能研究的方法。质粒是最常用的一种转染载体,它是一种小型环状 DNA 分子,可以在细胞内自主复制。

DNA 转染的基本操作是先准备目的基因并以合适的方式进行剪切和标记,将制备的目的基因插入表达载体中,进行重组连接形成 DNA 重组体;然后选择适当类型的细胞进行转染,对细胞进行筛选建立稳定细胞系,得到可稳定表达目的基因的细胞系后扩大培养,以便获得更多的细胞用于后续的实验;最后,还需要进行特定的功能验证,确认目的基因成功表达并发挥作用。

二、目的基因的制备和获取

目的基因是所要研究或应用的基因或基因的一个片段。目的基因常用的制备方法包括聚合酶链式反应(PCR)法或逆转录-聚合酶链式反应(RT-PCR)法、限制酶切除法、计算机克隆、化学合成法。

1. 聚合酶链式反应(PCR)法或逆转录-聚合酶链式反应(RT-PCR)法

如果目的基因是已知基因,根据已发表的基因序列(或基因两侧序列已知),设计/合成一对引物,进行聚合酶链式反应(基因组 DNA 为模板)/逆转录-聚合酶链式反应(mRNA 为模板),从组织或细胞中制备获取目的基因。如果目的基因是未知基因,根据 mRNA 末端如 polyA 尾设计共同引物,将所用 mRNA 逆转录成 cDNA,利用工具酶在 cDNA 末端加尾,采用一对共用引物扩增所有 cDNA,插入适当载体,构成 PCR-cDNA 文库进行筛选。

2. 限制酶切除法

限制性内切酶简称限制酶,是一种能够识别双链 DNA 分子中特定核苷酸序列,并在特定位置切割 DNA 链中的磷酸二酯键的一类酶。限制酶切除法就是利用限制酶识别原核/真核基因组 DNA 或已克隆的 DNA 片段,并进行酶切得到目的基因的方法。不同的限制性内切酶会识别不同的 DNA 序列,它可以在识别序列内或距识别序列不远的位置切割 DNA,酶切之后会形成不同类型的产物,如限制酶 BamHI 会形成 5' 黏性末端产物、KpnI 会形成 3' 黏性末端产物、EcoRV 会形成平末端产物(图 7.2)。

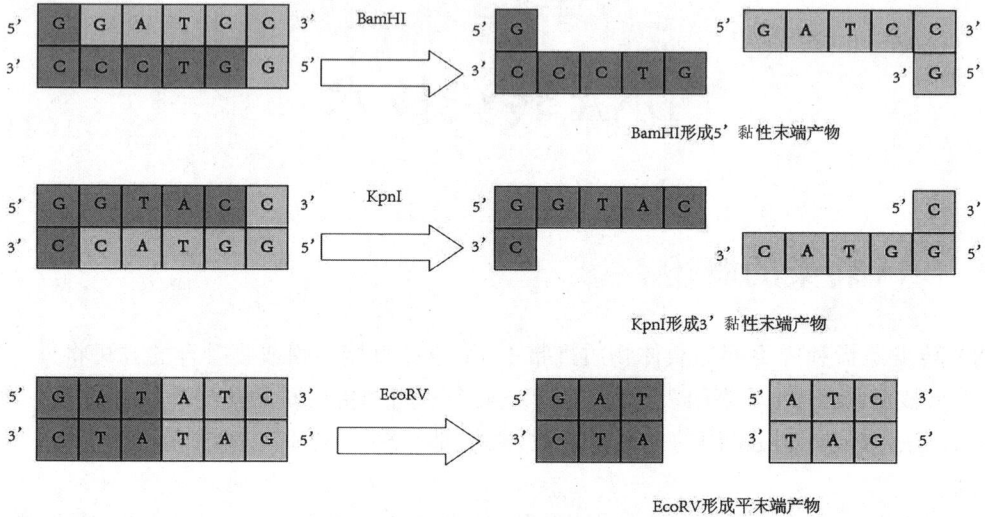

BamHI形成5'黏性末端产物

KpnI形成3'黏性末端产物

EcoRV形成平末端产物

图 7.2　限制性内切酶的识别序列

3. 计算机克隆

利用 GenBank 信息,通过不同种属同源性设计引物,可获取未知基因片段。

4. 化学合成法

用 DNA 合成仪对目的基因进行分段合成连接可以得到所需的目的基因。

三、表达载体的选择

哺乳动物细胞表达载体分为两大类,即质粒型载体和病毒型载体。

1. 质粒型载体

哺乳动物细胞质粒型载体大多数是利用细菌质粒而获得的,主要是在质粒的基础上插入病毒或其他一些物种及人的基因表达调控序列。细胞质粒载体包括 pcDNA3.1、pCMV-HA、pBudCE4.1 等。这些载体在结构上都包含启动子、增强子、多聚腺苷酸化信号、药物选择标记、报告基因和表位标签。

2. 病毒型载体

病毒型载体已被广泛地用于将外源基因导入哺乳动物细胞或替换哺乳动物细胞中的缺陷基因,这类载体在基因治疗中将具有非常重要的价值。目前应用的病毒型载体类型包括逆转录病毒载体、腺病毒载体等。其中,逆转录病毒载体可以使外源基因整合到基因组中,因而可以被稳定传代和表达。但是,由于逆转录病毒的插入位点是随机的,因而在基因组内的整合有可能破坏一些内源基因的结构,尤其是当插入一些重要的基因位点时会导致细胞的异常。腺病毒载体易于培养、纯化,可插入较大的外源基因片段,且腺病毒基因不会发生整合,是研究真核基因的良好模型。

四、目的基因与表达载体的重组连接

在获得目的基因和选定表达载体后,需要进行目的基因与表达载体的重组连接,主要有黏性末端连接和平端连接两种连接方式。

1. 黏性末端连接

把目的基因和表达载体用同一种限制酶处理后会产生黏性末端,再经 DNA 连接酶处理,就可以把目的基因和表达载体连接起来。这种属于单酶单切点,可以防自身环化,满足定向插入的目的。如果把目的基因和表达载体用两种不同的限制酶进行酶切,属于双酶双切点,将两者用 DNA 连接酶连接起来,不但可以使目的基因以固定的方向插入载体中,亦可避免载体的自身环化,这是构建重组载体最好的连接方法。

2. 平端连接

利用 DNA 连接酶将平端 DNA 片段进行连接的过程称为平端连接。在 T4 DNA 连接酶的作用下完成目的基因与载体的连接,但反应过程中载体容易自连。

五、DNA 重组体的鉴定

在目的基因与表达载体的重组连接后,需要验证插入基因片段的大小、是否发生突变、插入的位置、顺序及方向是否正确,因此要鉴定 DNA 重组体。

DNA 重组体鉴定的具体方法包括酶切、测序和产物鉴定等。通常酶切鉴定是必需的;若构建 DNA 重组体是为了克隆某个基因,可进行序列测定;若构建重组表达载体,可利用 qPCR 进行表达产物鉴定。

六、稳定细胞系的建立

稳定转染是建立在瞬时转染的基础上的,先对哺乳动物细胞进行瞬时转染,根据不同基因载体中所含有的抗性标志选用相应的药物进行细胞传代,从而就得到了可稳定表达目的基因的细胞系。

1. 瞬时转染

以 Lipofectamine 转染试剂为例进行瞬时转染,不同转染试剂使用时要参考说明书。

(1)将复苏后常规培养的细胞按照 $3×10^5$ 接种到 6 孔板中,加入 3 mL 的完全培养基,混匀放置在细胞培养箱中,将温度保持在 37 ℃,静置一晚。

(2)无菌状态下配置如下溶液:用 100 μL 的无血清培养基稀释 2 μg 的待转染的质粒,形成 a 溶液;用 100 μL 的无血清培养基稀释 25 μL 的 Lipofectamine 转染试剂,形成 b 溶液。

(3)将 a 溶液和 b 溶液混合并摇匀,形成 ab 溶液,室温下放置 30 min 左右。

(4)细胞培养至 80%单层左右,用无血清培养基洗涤细胞 2 次,每孔加入 1 mL 的无血清培养基,并将混合后的 ab 溶液逐滴加入每孔,按十字方向轻摇混匀,放置于 37 ℃细胞培养箱中培养 24 h。

(5)将转染液换为完全培养基继续培养。

2. 稳定细胞系建立

转染 24~72 h 后加入选择性抗生素进行稳定细胞株筛选,预实验确定抗生素的最佳浓度,确定抗生素对所选细胞的最低作用浓度。

(1)提前一天接种细胞于 24 孔板中,待第二天长成 25%单层为宜,在 37 ℃细胞培养箱中过夜培养。

(2)第二天将培养液换成含抗生素的培养基,抗生素浓度按梯度递增(0、50、100、200、400、800、1 000 μg/mL)。

(3)培养 15 天左右,以造成绝大多数细胞死亡的抗生素浓度为准,一般为 400~800 μg/mL,筛选细胞时可适当提高浓度。

(4)培养 72 h 后按照 1:10 的比例将转染细胞传代,使用预实验得到的抗生素浓度的培养基培养后挑选单克隆,采用有限稀释法挑取单克隆。

(5)用 Western blot 或 ELISA 法对挑取的多个单克隆进行表达检测,筛选出表达量最高的克隆传代保存。

(6)最终筛选出稳定高表达目的基因的细胞株。

第三节

RNA 转染技术

一、RNA 转染的概述

RNA 转染是将 RNA 分子（如 mRNA、siRNA、miRNA、LncRNA 等）导入细胞并进行表达的过程。RNA 转染技术主要用于研究 RNA 的功能，其中 siRNA 已经成为基因功能研究和治疗相关疾病的工具；miRNA 的转染已经成功应用于抑制目的基因的表达及其功能研究中。

RNA 转染提供了另一种有别于 DNA 转染的研究探索手段，它利用细胞转染技术将 RNA oligos、siRNA 或者病毒 RNA 等带入细胞中。由于不需要经过转录即可直接翻译，RNA 转染得到的结果比 DNA 转染更快更直接，但仅限于瞬时表达。

与 DNA 转染相比，RNA 转染过程中的影响因素比较多，主要可以归纳为转染方法、转染试剂和转染细胞等三个方面。除此之外，RNA 的结构、转染时 RNA 的用量、RNA 酶、RNA 污染、进入细胞后 RNA 的降解等因素使 RNA 转染的过程更加复杂，给转染结果带来影响。RNA 转染更容易发生 RNA 酶污染，所以要严格进行 RNA 实验操作，采用优质且无 RNA 酶污染的血清，使用 RNA 专用的转染试剂和耗材等。

二、siRNA 转染

siRNA 是由 21~25 个核苷酸组成的双链 RNA 分子，能够特异性地诱导靶基因的沉默，进而抑制蛋白的表达。siRNA 的抑制作用是通过其与 AGO 蛋白组装成的 RNA 诱导沉默复合体（RISC）发挥的。一条链被降解，另一条链则与靶基因的 mRNA 互补配对，使其被切割降解。

RNA 干扰（RNAi）是一种广泛存在于生物体内的序列特异性基因转录后的沉默过程，常常被用作基因沉默的工具之一，siRNA 在 RNA 干扰应用方面具有非常广阔的前景。

siRNA 是一种新型的基因治疗工具，可以应用于各种真核生物的基因功能研究，在药靶发现及药物筛选中也被广泛应用。例如 siRNA 靶向恶性肿瘤的基因可以通过局部或系统性给药来治疗肿瘤，病毒感染和某些遗传疾病也都有涉及。

1. siRNA 储存

常规化学合成的 siRNA 为冻干粉形式的即用型试剂，在常温不溶解的情况下可以保存至少 1 个月时间，放置于-80~-20 ℃低温环境中可以稳定保存 1 年。

2. 转染方法

对于 siRNA 转染,利用脂质体转染法进行瞬时转染,包括传统转染(即细胞需提前铺板)和反向转染(即在细胞贴壁时进行转染)两种方法,要按细胞类型或转染试剂的不同选择不同的方法。

3. 传统转染流程

(1)提前一天接种细胞,接种数量参考转染试剂公司的推荐量。

(2)配制 siRNA 稀释液和转染试剂稀释液,两者混合后在室温下静置 5 min。

(3)将配制好的 siRNA 转染混合液加入细胞中,摇动培养板,轻轻混匀。

(4)把细胞放置于 37 ℃细胞培养箱培养,转染后 24~48 h 测定 siRNA 靶基因的 mRNA 水平、48~72 h 测定蛋白水平。

4. 注意事项

(1)为每个基因设计并检测 2~4 个 siRNA 序列。转染前确保 siRNA 是经过纯化和脱盐处理过的,高纯度的 siRNA 有助于获得较高的转染效率,并确保 siRNA 转染后不会影响细胞活力。

(2)首次转染时,尝试使用几个 siRNA 转染试剂浓度,并在 0.014~0.70 μg/mL 范围内改变 siRNA 的浓度,根据首次转染结果调整剂量水平。

(3)使用阴性对照 siRNA 区分非特异性效应,应通过扰乱最活跃 siRNA 的核苷酸序列来设计阴性对照。务必进行同源性搜索,以确保阴性对照序列与所研究基因缺乏同源性。

(4)选择合适的阳性对照,对大多数细胞,GADPH-siRNA 是较好的阳性对照。将不同浓度的阳性对照 siRNA 或实验 siRNA 转入靶细胞,转染 24 小时后,以内参基因如 β-actin mRNA 为对照统计目标 mRNA 相对于未转染细胞的降低水平。

(5)根据细胞类型使用优化的 siRNA 转染试剂和操作方案。转染试剂的选择对于 siRNA 转染实验的成功至关重要。使用专为递送 miRNA 配制的转染试剂至关重要,有些试剂是特定细胞系专用的转染试剂,但也有特异性更广的试剂。

(6)避免 RNA 酶污染,微量 RNA 酶会导致 siRNA 转染实验失败。由于在实验环境中 RNA 酶普遍存在,如皮肤、头发、所有徒手接触过的物品或暴露在空气中的物品中都存在 RNA 酶,故在实验中要特别注意。

(7)siRNA 干扰是非线性的,不同基因半衰期存在较大差异,建议首次进行 siRNA 干扰效果测定时应采取多点测定,以确定最佳测定时间点。

(8)使用标记的 siRNA 进行实验方案优化,荧光标记的 siRNA 可用于分析 siRNA 稳定性和转染效率,标记的 siRNA 也有助于研究 siRNA 亚细胞定位,在双重标记实验(涉及标记的抗体)中使转染过程中接受 siRNA 的细胞显像,并将转染与靶蛋白的下调相关联。

三、miRNA 转染

miRNA 是一类由内源基因编码的长度约为 22 个核苷酸的非编码单链 RNA 分子,由具有发夹结构的 70~90 个碱基大小的单链 RNA 前体经过 Dicer 酶加工后生成。

miRNA 在动植物中参与转录后基因表达调控,作用主要取决于它与靶基因转录体序列互补的程度,通过破坏靶 mRNA 的稳定性、抑制靶 mRNA 的翻译来对靶 mRNA 发挥调控作用。

1. miRNA 试剂

一般使用化学合成的目标 miRNA,如 miRNA mimic 或 miRNA inhibitors,并按照厂家提供的使用说明书进行储存和稀释。

(1)miRNA mimic 是 miRNA 的模拟物,用于 miRNA 功能研究,能模拟细胞中成熟 miRNA 的高水平表达,以增强内源 miRNA 的调控作用。通过瞬时转染 miRNA mimic 进入细胞内即可发挥作用,它易于质控、方便、快捷。其转入细胞内的量可以通过转染浓度来控制,适用于进行 miRNA 细胞内过表达研究。对于短期(小于 1 周)的 miRNA 功能获得性细胞研究而言,miRNA mimic 是理想的选择。

(2)miRNA inhibitors 是 miRNA 的抑制剂,用于下调目的细胞中的 miRNA,以在 miRNA 功能研究中应用。如果需要进行长期、稳定的 miRNA 下调,则可以选用载体形式的 miRNA inhibitor。其转染效率高,下调效果好,可以实现对目标 miRNA 的长期、稳定的下调。

2. 瞬时转染方法

转染方法可以根据细胞类型和实验设计选择合适的方法。miRNA 转染常用脂质体转染法进行瞬时转染,常用试剂为 Lipofectamine RNAiMAX。

3. 转染流程

(1)提前一天接种细胞,接种数量参考转染试剂公司的推荐量。

(2)在 RNase-free 水或 Opti-MEM 培养基中分别稀释 miRNA 和转染试剂,按照厂家提供的比例混合,形成 miRNA 转染复合物,在室温下静置一定时间。

(3)将配制好的 miRNA 转染复合物加入细胞中,摇动培养板,轻轻混匀。

(4)在 37 ℃细胞培养箱中培养,转染 24~48 h 后测定 miRNA 靶基因的 mRNA 水平,48~72 h 后测定蛋白水平。

(5) 提取 RNA,测定 miRNA 表达水平,以此评估 miRNA 转染效果。

4. 注意事项

(1)在预实验中比较不同的阴性对照(NC)对检测指标的影响,并选择没有影响或影响较小的阴性对照进行正式实验。

(2)根据细胞类型使用优化的 miRNA 转染试剂和操作方案,摸索合适的 miRNA 浓度和转染时间。

（3）避免 RNA 酶污染,严格执行 RNA 操作规范,采用优质无 RNA 酶污染的血清,使用 RNA 转染专用的转染试剂和耗材等。

四、siRNA/miRNA 转染效率检测

RNA 转染的成功主要取决于转染效率,因此,进行 siRNA/miRNA 转染实验前,需要进行 RNA 转染效率检测,常用 5'-FAM 标记的阴性对照,其他荧光标记如 cy3 也可以用。

转染方法具体参照转染试剂说明书,大部分转染操作和转染非荧光标记的 siRNA/miRNA 是相通的。需要注意的是,配制荧光标记的阴性对照时需要避光(添加进培养板时也需要避光),转染 6 h 以后就可以在荧光显微镜下观察转染效率。

转染效率的判断用的是自身对照,是将相同视野的明场照片和荧光照片合成,如果荧光照片绿色亮点较多且大部分绿色亮点出现在细胞内,则视为成功转染进细胞,如果要数字量化结果需要上流式细胞仪分析荧光细胞占比。

第四节
绿色荧光蛋白表达载体的应用

不同的转染试剂转染效率不同,检测转染效率时,常使用绿色荧光蛋白表达载体进行细胞转染,可在荧光显微镜下观察转染效率,也可以将目的基因转入绿色荧光蛋白表达载体,然后研究其基因的表达情况,使用蛋白定位并追踪其动态变化。目前常用的绿色荧光蛋白表达载体有 pmaxGFP 和 pEGFP。

一、绿色荧光蛋白

绿色荧光蛋白(以下称 GFP),是一个由约 238 个氨基酸组成的蛋白质,从蓝光到紫外线都能使其激发,发出绿色荧光,直接、简捷、便于检测。检测的灵敏度不受反应效率的影响,保证了极高的检出率。在细胞生物学与分子生物学中,GFP 基因常用作报告基因,能转进不同物种的基因组,并在后代中持续表达。GFP 基因片段长度较小(约 717 bp),易于构建融合蛋白,且融合蛋白仍能保持荧光激发活性,为研究其他基因表达产物的分布提供了方便。

pmaxGFP 是哺乳动物细胞增强型绿色荧光表达载体,带有 GFP 荧光、CMV 启动子,有卡那霉素抗性(图 7.3)。

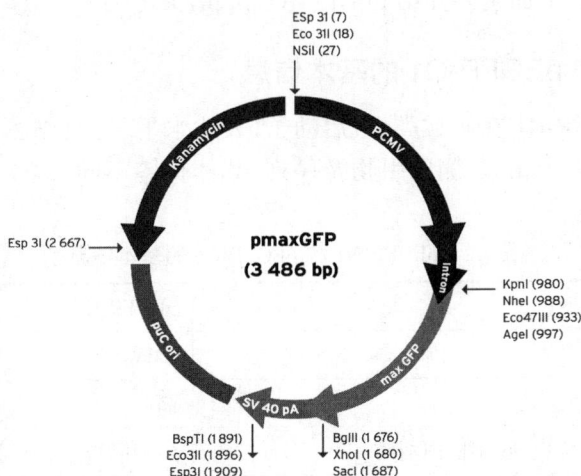

图 7.3 pmaxGFP 质粒图谱

pmaxGFP 常用于监测细胞转染效率。一般将 pmaxGFP 转染到细胞中,在转染后的不同时间点观察绿色荧光细胞占比,如果高于 70%,提示转染效率基本符合实验需求,可以进行后续转染实验(图 7.4)。

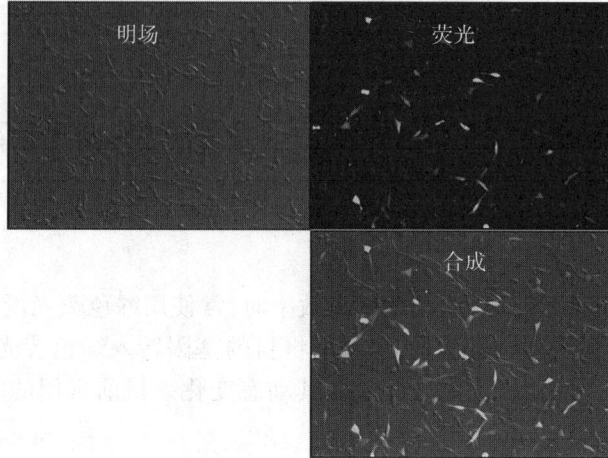

图 7.4　pmaxGFP 监测细胞转染效率

二、增强绿色荧光蛋白

增强绿色荧光蛋白(简称 EGFP)发射出的荧光强度比 GFP 大 6 倍以上,因此,比 GFP 更适合作为一种报告基因来研究基因表达、调控、细胞分化及蛋白质在生物体内定位和转运等。pEGFP 是一种优化的突变型 GFP 表达载体,产生的荧光较普通 GFP 强 35 倍,大大增强了其报告基因的敏感度。pEGFP 与其他蛋白的融合表达已有很多成功的例子,而且其 N 及 C 端均可融合,并不影响其发光。常见的带有 EGFP 的载体有 pEGFP-N1、pEGFP-C1、pcDNA3.1-EGFP、pIRES-EGFP 等。下面主要介绍 pEGFP-N1 和 pEGFP-C1。

1. pEGFP-N1 和 pEGFP-C1 的基本信息

pEGFP-N1 和 pEGFP-C1 在质粒类型、启动子、表达水平、克隆方法、载体抗性和筛选标记方面均完全相同,载体大小相似,测序引物及序列、载体标签不同(表 7.2),载体图谱见图 7.5 和图 7.6。

表 7.2　pEGFP-N1 和 pEGFP-C1 的基本信息

比较内容	pEGFP-N1	pEGFP-C1
启动子	CMV	CMV
表达水平	高	高
克隆方法	多克隆位点,限制性内切酶	多克隆位点,限制性内切酶
载体大小	4733 bp	4731 bp
5′测序引物及序列	CMV-F:5′-CGCAAATGGGCGGTAGGCGTG-3′	pEGFP-C-5′: 5′-CATGGTCCTGCTGGAGT-TCGTG-3′

3′测序引物及序列	EGFP-N:5′-CGTCGCCGTCCAGCTCGACCAG-3′	pEGFP-C-3′： 5′-TATGGCTGATTATGAT-CAGT-3′
载体标签	N-EGFP	C-EGFP
载体抗性	Kanamycin（卡那霉素）	Kanamycin（卡那霉素）
筛选标记	Neomycin（新霉素）	Neomycin（新霉素）

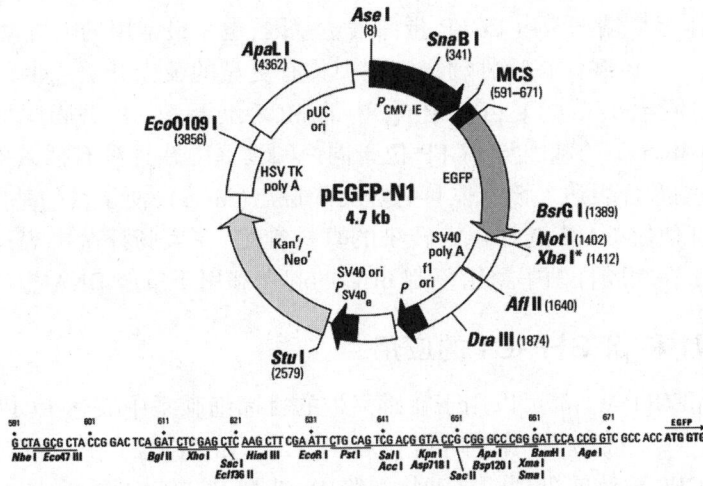

图 7.5　pEGFP-N1 质粒图谱

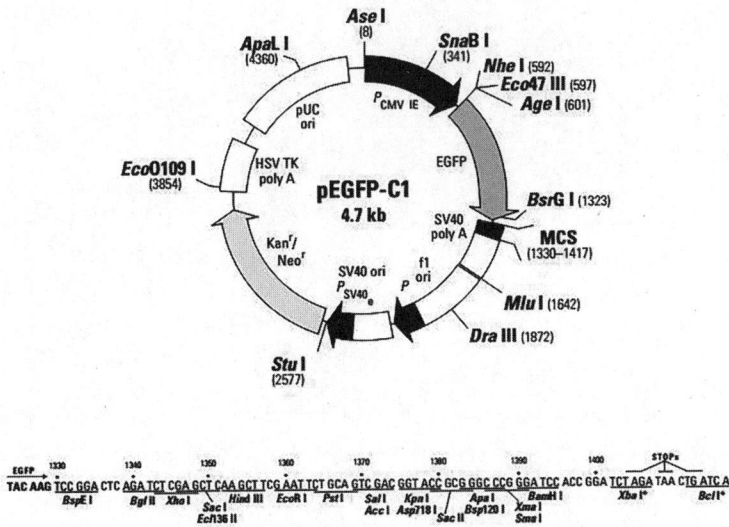

图 7.6　pEGFP-C1 质粒图谱

2. pEGFP-N1 和 pEGFP-C1 的特点

pEGFP-N1 载体上 N 端携带有 EGFP 蛋白表达基因,是最常用的哺乳动物表达载体和荧光蛋白报告载体之一。该载体在结构上具有很强的复制能力,可以满足随宿主细胞分裂时跟随胞质遗传给新生的子细胞,这是保证目的基因稳定表达的因素之一;该载体含有高效的功能强大的启动子 SV40 和 CMV,可以使目的基因在增殖的细胞中稳定表达;该载体具有多克隆位点(MCS),CMV 便于目的基因的插入;该载体具有 neo 基因,可以采用 G418 来筛选已成功转染了该载体的靶细胞。以上的这些特殊的结构可以实现目的基因在靶细胞内的稳定表达。

pEGFP-C1 载体上 C 端携带有 EGFP 蛋白表达基因,也是最常用的哺乳动物表达载体和荧光蛋白报告载体之一。该载体在哺乳动物细胞中具有更亮的荧光和更高的表达(最大激发值 = 488 nm;最大发射值 = 507 nm)。pEGFP-C1 中的 MCS 位于 EGFP 编码序列和 SV40 多聚 A 之间。如果克隆到 MCS 中的基因与 EGFP 位于同一阅读框中并且没有插入的终止密码子,则将与 EGFP 的 C 末端融合表达。该载体具有多克隆位点(MCS),便于目的基因的插入;该载体具有 neo 基因,允许使用 G418 选择稳定转染的真核细胞,在大肠杆菌中表达卡那霉素抗性。pEGFP-C1 还提供了在大肠杆菌中繁殖复制 pUC 的起点和用于单链 DNA 生产的 f1 起点。

3. pEGFP-N1 和 pEGFP-C1 的应用

pEGFP-N1 和 pEGFP-C1 都可以用于在感兴趣的目标细胞系中表达 EGFP,并可作为转染标记物评价转染效率。当目标基因克隆到 pEGFP-N1 或 pEGFP-C1 中,可以使用任何标准转染方法将重组的 EGFP 载体转染到哺乳动物细胞中,其与 EGFP-N1 的 N 端或 pEGFP-C1 的 C 端的融合保留了天然蛋白的荧光特性,可允许融合蛋白在体内定位,从而可以观察蛋白在细胞内的分布情况。

第五节

细胞转染的应用研究

为了研究某一个基因的功能,通常利用细胞转染,将目的基因导入细胞中,或者在细胞中将基因失活,观察细胞生物学行为,以此开展功能获得性(gain-of-function)和功能缺失性(loss-of-function)研究。功能获得性研究旨在通过引入或增强某个基因的功能来研究其生物学效应,并了解其增强功能对生理过程的影响。相反,功能缺失性研究则通过抑制或减弱某个基因的功能来探究其作用,以此来揭示其在生物体中的重要性。下面结合实例进行说明。

一、功能获得性研究

在功能获得性研究中,通过细胞转染将目的基因导入细胞或个体中,使其获得新的或更高水平的表达,通过细胞或个体生物性状的变化来研究基因的功能。

其基本操作是构建目的基因的表达载体,建议构建野生型质粒和突变型质粒两种类型,转染后都能高表达该基因,但突变型质粒不具有基因功能,因此可以作为功能分析的阴性对照。

例如,研究 PTP4A3 基因在前列腺癌细胞运动中的功能时,在 pEGFP-C1 载体中插入 PTP4A3 基因片段,构建了野生型质粒 PTP4A3-WT(简称 WT)和突变型质粒 PTP4A3-MUT 两个 DNA 重组体,利用脂质体转染法,将 pEGFP-C1、PTP4A3-WT 和 PTP4A3-MUT 分别转入前列腺癌细胞(DU145 和 PC3)中,结果如图 7.7 所示,PTP4A3-WT 和 PTP4A3-MUT 转染后均可引起 PTP4A3 表达显著性升高,PTP4A3-WT 和 PTP4A3-MUT 之间无表达差异。

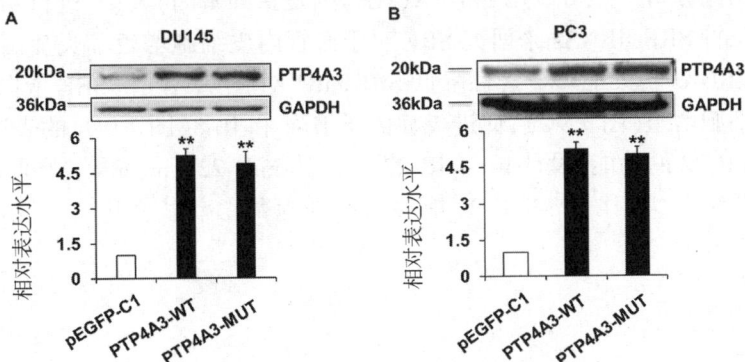

图 7.7　PTP4A3-WT 和 PTP4A3-MUT 转染后 PTP4A3 表达水平变化(* * P<0.01)

为了研究 PTP4A3 基因在前列腺癌细胞运动中的作用,PTP4A3-WT 和 PTP4A3-MUT 转染后利用 Wound healing 和 Transwell assay 实验分析细胞迁移和侵袭能力的变化,结果发现与对照组相比,PTP4A3-WT 转染后能够明显促进细胞迁移和侵袭能力的提升,但与 PTP4A3-WT 相比 PTP4A3-MUT 转染并未有类似的作用(图 7.8),说明突变型质粒不具有基因功能。

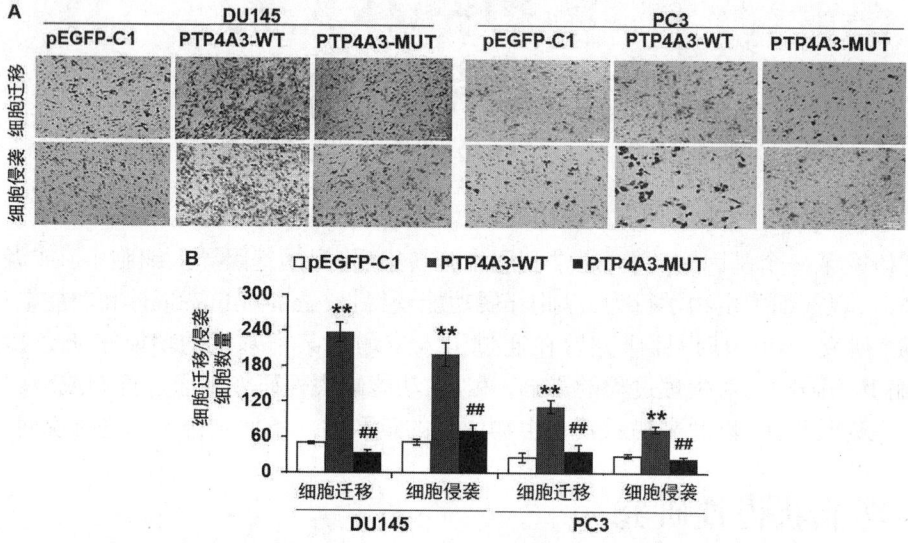

$**P<0.01$ vs pEGFP-C1, $##P<0.01$ vs pEGFP-WT

图 7.8　PTP4A3-WT 和 PTP4A3-MUT 转染对癌细胞迁移和侵袭的影响

二、功能缺失性研究

在功能缺失性研究中,设计转染目的基因的 siRNA 或 miRNA,进行细胞转染,使目的基因沉默或表达减弱,通过检测细胞学功能的变化再进一步来研究目的基因的功能或调控基因的作用。

常利用 RNAi 技术,设计针对目的基因的 siRNA,建议设计三种 siRNA,在 siRNA 转染到细胞后,进行基因功能分析。也可以用 miRNA(靶基因是目的基因)转染,进行功能分析。

例如,设计三种 SRF siRNAs 来研究 SRF 对于血管内皮细胞增殖和炎症因子表达的影响。结果发现,SRF siRNAs 转染能够显著性降低 SRF mRNA(图 7.9A)和 SRF 蛋白(图 7.9B)表达水平,同时抑制细胞增殖(图 7.9C),促进炎症因子 IL-6 和 IL-8(图 7.9D)的表达水平。

为了研究 miR-22 的功能,设计 pre-miR-22 过表达 miR-22,anti-miR-22 抑制 miR-22 表达。结果发现,与对照组 NC 相比 pre-miR-22 能够引起细胞凋亡率显著升高,提示 miR-22 能够诱导细胞凋亡(图 7.10)。

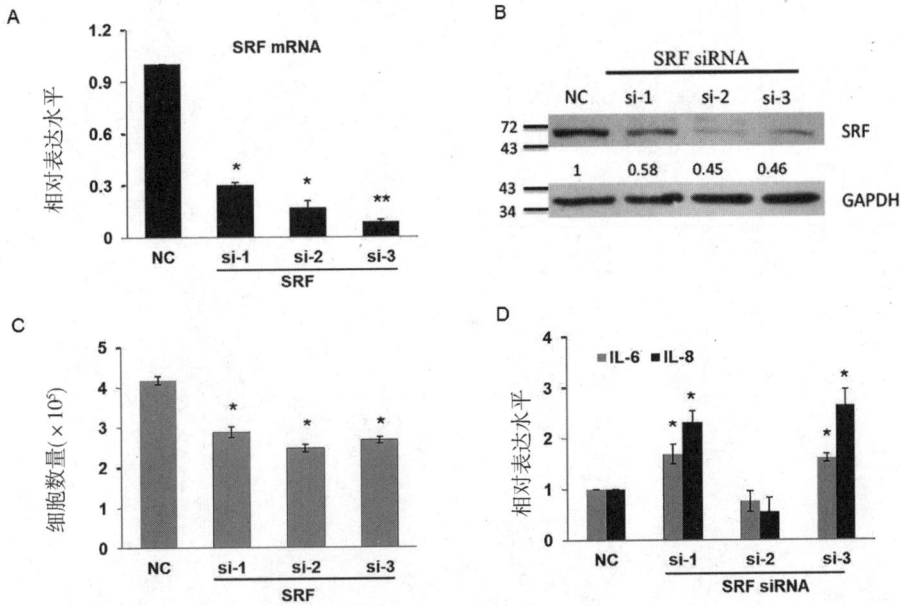

图 7.9 SRF siRNAs 转染对细胞增殖和炎症因子表达的影响($^*P<0.05$,$^{**}P<0.01$)

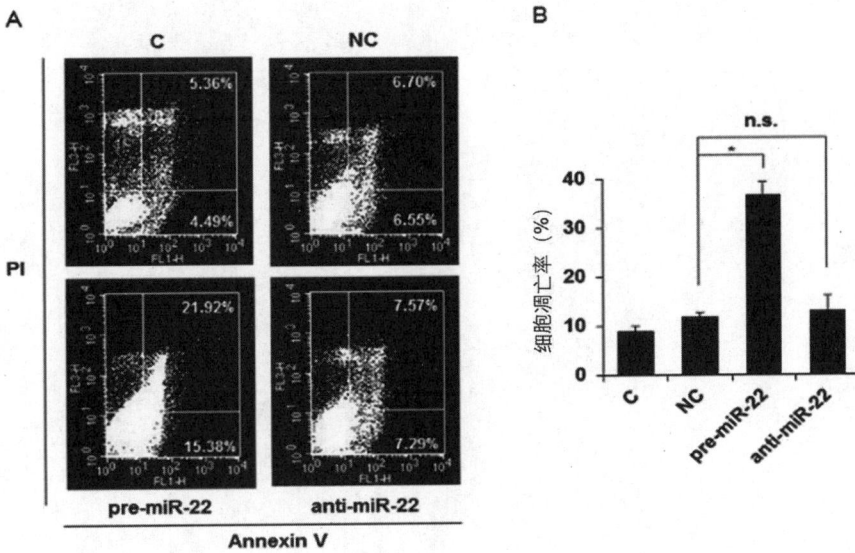

图 7.10 miR-22 转染对细胞凋亡率的影响($^*P<0.05$ vs NC, n.s.代表无显著性差异)

第八章
非编码 RNA 的研究技术

　　非编码 RNA (ncRNA) 是指由基因组转录而成的不编码蛋白质的 RNA 分子。在真核生物基因组中，大约 90% 的基因是转录基因，在这些转录基因中只有 1%~2% 编码蛋白质，其他大多数转录为非编码 RNA。本章主要介绍非编码 RNA 的基本知识和相关研究技术。

第一节

非编码 RNA 的概述

非编码 RNA 是不编码蛋白质的 RNA,其共同特点是都由基因组转录而来,但是不翻译成蛋白质,在 RNA 水平上行使各自的生物学功能。

非编码 RNA 可分为两种主要类型,基础结构型(如 rRNA、tRNA、snRNA、snoRNA)和调控型(如 miRNA、LncRNA、circRNA、piRNA)。

miRNA 是一类长度为 20~23 nt 的单链小分子,来源于形成独特发夹结构的转录本,在动植物中参与转录后基因表达调控。miRNA 通过与靶 mRNA 转录本上3' UTR的互补序列配对,导致靶基因沉默或表达减弱。

LncRNA 一般是指长度大于 200 nt 的 ncRNA。LncRNA 在表观遗传调控、细胞周期调控和细胞分化调控等多种生命过程中发挥重要作用。

circRNA 分子富含 miRNA 结合位点,在细胞中起到 miRNA 海绵的作用,进而解除 miRNA 对其靶基因的抑制作用,升高靶基因的表达水平;circRNA 还可以与 RNA 结合蛋白(RBP)结合发挥作用,circRNA 在多种生物学功能中起着重要作用。

Piwi 相互作用 RNA(piRNA)是小分子非编码 RNA(24~31 nt),能够与 Argonaute(Ago)家族的 Piwi 蛋白形成复合物。其特点是 5' 端有尿嘧啶核苷,3' 端有 2'-O-甲基修饰。piRNA 主要存在于哺乳动物的生殖细胞和干细胞中,通过与 Piwi 亚家族蛋白结合形成 piRNA 复合物来调控基因沉默途径。

miRNA 的基本知识

一、miRNA 概述

1. miRNA 的特点

（1）miRNA 是一类由内源基因编码的非编码 RNA，在动植物中参与转录后基因表达调控。

（2）miRNA 的种子序列定义为 miRNA 5' 端的第 2~8 个核苷酸。种子序列是 miRNA 上进化最为保守的片段，通常与靶基因 mRNA 3' UTR 上的靶位点完全互补。

（3）miRNA 的表达具有组织特异性和阶段特异性。在不同组织中表达有不同类型的 miRNA，在生物发育的不同阶段里有不同的 miRNA 表达。

（4）miRNA 具有高度保守性，即各种 miRNA 都能在其他种系中找到同源体。

（5）miRNA 独有的特征包括其 5' 端第一个碱基对 U 有强烈的倾向性，而对 G 有抗性，但第二到第四个碱基缺乏 U，一般来讲，除第四个碱基外，其他位置的碱基通常都缺乏 C。

（6）miRNA 执行一定的生物学功能，通过破坏靶基因 mRNA 的稳定性、抑制靶基因 mRNA 的翻译来对靶基因发挥调控作用，对与其互补的靶基因表达水平具有负调节作用。

（7）miRNA 是一类抑制蛋白编码靶基因表达的小 RNA，每个 miRNA 有多个靶基因，而几个 miRNA 也可以调节同一个基因。这种复杂的调控网络既可以通过一个 miRNA 来调控多个基因的表达，也可以通过几个 miRNA 的组合来精细调控某个基因的表达。

2. miRNA 的成熟

体内外实验研究表明，miRNA 的生成至少需要两个步骤。在细胞核内，由长的内源性转录本（pri-miRNA）被 Drosha 加工成 70 nt 左右的 miRNA 前体（pre-miRNA），进而被 Exportin-5 蛋白运输到细胞质。在细胞质中，pre-miRNA 被 Dicer 酶加工，成为成熟的 miR-NA。

pre-miRNA 是由内源性基因或内含子反向重复序列转录而来，具有茎-环结构也称发夹状结构。pre-miRNA 在 Dicer 酶的作用下可被剪切成 21~23 nt miRNA，miRNA 只是 pre-miRNA 茎中的一个臂（图 8.1）。

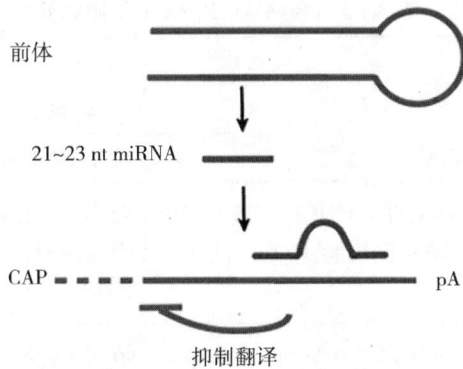

图 8.1　Pre-miRNA 的发夹状结构

3. miRNA 的作用机制

研究发现,约有 1/3 人类基因受 miRNA 的调控,成熟的 miRNA 主要在转录后水平调控靶基因,其可与其他蛋白质组成基因沉默复合体。该复合体主要通过 miRNA 的"种子序列"与靶基因 mRNA 的 3' UTR 区互补序列特异性结合而识别靶标,通过抑制 mRNA 翻译或促进 mRNA 降解来调节转录后水平的基因表达。

单个 miRNA 可以靶向调控数百个 mRNA,通常参与功能互作途径而影响多个基因的表达。相反,一个 mRNA 也可以被多个 miRNA 靶向。miRNA 与靶基因的作用模式有以下三种。

(1)两者不完全互补,即两者不完全配对结合时,主要影响翻译过程而对 mRNA 的稳定性无任何影响。

(2)两者完全互补,即两者完全配对结合后,类似 siRNA 与靶基因 mRNA 的结合。

(3)上述两种模式均具备。当其与靶 mRNA 完全互补配对时,直接靶向切割 mRNA,而不完全互补配对时起调节基因翻译的作用。

4. miRNA 的功能

miRNA 具有十分广泛的调节功能,对基因表达、生长发育和行为等都具有十分深远和复杂的影响。

miRNA 研究不只是 RNA 研究的一个新突破,更是为人们提供了一种全新的认识基因和认识基因表达调节本质的角度,同时也使人们开始注意 miRNA 在疾病发生过程中所扮演的角色。

二、miRNA 与 siRNA 的不同之处

有人把 siRNA 归为非编码 RNA,是因为其不具有编码蛋白的功能,但是从非编码 RNA 的定义来讲,它又不属于非编码 RNA,因为它主要是外源合成的而非基因组编码。与 siRNA 相比,miRNA 在来源、结构、作用特点和作用机制上有明显的不同(表 8.1,图 8.2)。

表 8.1 miRNA 与 siRNA 的不同之处

比较内容	miRNA	siRNA
来源	基因组编码	外源合成
结构	单链 RNA(ssRNA)	双链 RNA(dsRNA)
作用特点	结合靶基因 mRNA 的 3' UTR 且不需要完全互补配对,结合特异性较低,靶基因翻译被抑制	结合靶 mRNA 配对的任何区域且需要完全互补配对,结合特异性高,靶基因 mRNA 被剪切
作用机制	在细胞核内,pri-miRNA 被加工成 pre-miRNA;在细胞质中,pre-miRNA 被 Dicer 酶加工,成为成熟的 miRNA	在细胞质内,Dicer 酶将 dsRNA 加工成为 siRNA

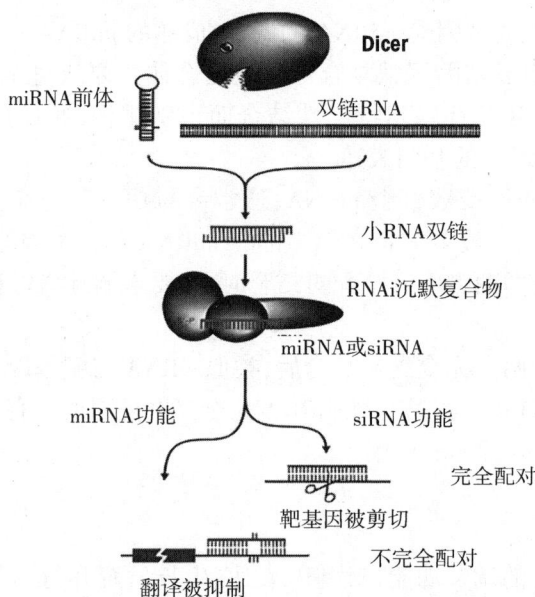

图 8.2 miRNA 与 siRNA 的作用机制差异

三、miRNA 的测定方法

探究 miRNA 在基因调控中扮演的角色,很关键的一个方法就是迅速、准确地定量检测 miRNA 的表达。目前用于检测 miRNA 的方法主要有 Northern 印迹法、荧光定量 PCR 法、微阵列技术和 RNA 测序,其中最常用为荧光定量 PCR 法。

1. Northern 印迹法

Northern 印迹法是检测 miRNA 的标准方法,目前被广泛使用。它不仅可以用于成熟 miRNA 的检测,还可以用于其前体的检测。

Northern 印迹法不需要专门的设备,基本原理是 RNA 样本由限制性内切酶消化,通过琼脂糖凝胶电泳分离,变性后根据其在凝胶中的位置将 RNA 转移到硝酸纤维素膜或尼龙膜上,固定后与同位素或其他标记探针反应。洗涤探针后,可以通过放射自显影或其他合适的技术检测到 miRNA。

Northern 印迹法虽然可以检测 miRNA 的相对分子大小和丰度,但存在低通量、耗时长、易降解和敏感度低等缺点。

2. 荧光定量 PCR 法

PCR 即聚合酶链式反应是在 DNA 聚合酶的作用下,以母链 DNA 为模板,以特异性引物为延伸起点,通过变性、退火、延伸(按半保留复制机制进行延伸)等步骤,体外复制出与母链模板 DNA 互补的子链 DNA 的过程。实时荧光定量 PCR 法是使用荧光定量 PCR 仪器利用荧光信号的变化实时检测 PCR 扩增中每一个循环扩增产物量的变化,并进行定量分析的方法。此法是检测 miRNA 表达的常规和可靠的技术。

其基本原理是首先通过反转录将目标 miRNA 转化为 cDNA,然后进行 PCR,实现实时荧光检测。由于 miRNA 自身结构比较特殊,其长度通常只有 21～23 nt,无法直接应用常规的 PCR 技术扩增,因此在反转录步骤中需要延长 miRNA 的长度,构建出一个足够长的 PCR 模板,才能进一步应用 PCR 技术来定量分析。目前常用的 miRNA 反转录法有加尾法和茎环法。加尾法采用通用引物,使用包含 Oligo dT 通用序列的加尾法引物进行反转录,优点是时间短、操作方便、灵敏度高、通量较大,一次反转录可检测多个 miRNA;茎环法利用 miRNA 特异性茎环引物进行反转录,因此特异性好,但一次反转录只能检测一个 miRNA,成本较高,周期也较长。检测 miRNA qPCR 有两种荧光方法:SYBR Green 荧光染料法和 TaqMan 探针法(图 8.3)。

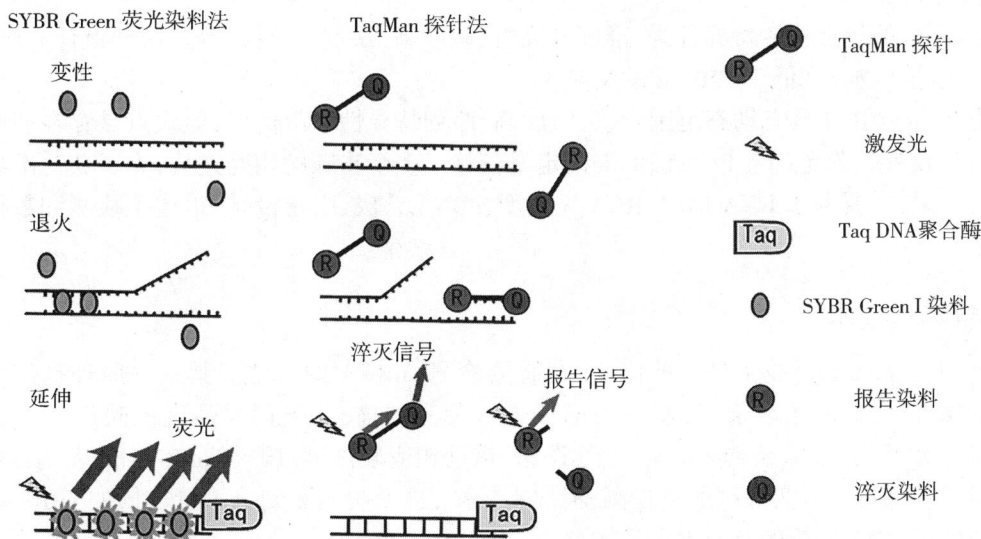

图 8.3　SYBR Green 荧光染料法和 TaqMan 探针法

（1）SYBR Green 荧光染料法

常用的染料就是 SYBR Green Ⅰ。在 PCR 反应体系中,SYBR Green I 可以非特异地结合在双链 DNA 小沟上,并发射荧光信号,而不掺入双链 DNA 中的染料分子不会发射任何荧光信号。随着 PCR 产物的增加,PCR 产物与染料的结合量也会增大,此时荧光信号强度代表双链 DNA 分子的数量。

SYBR Green I 法的优点包括使用简便、可以与任何 PCR 产物结合、价格低;缺点包括不能区分不同的双链 DNA、引物二聚体会影响检测的敏感性、非特异性产物会影响结果的敏感性。

使用此方法时,通常需要做熔解曲线。扩增反应完成后,通过逐渐增加温度同时监测每一步的荧光信号来产生熔解曲线,熔解温度上有一特征峰(Tm,DNA 双链解链 50% 的温度),用这个特征峰就可以将特异产物与其他产物如引物二聚体区分开。

（2）TaqMan 探针法

TaqMan 探针本质是 FRET 寡核苷酸探针,5' 端标记荧光染料报告基团(Fluorophore),3' 端标记淬灭基团(Quencher)。正常情况下,两个基团的空间距离很近,荧光染料报告基团发射的荧光信号会被淬灭基团吸收且不能发出荧光。

在 PCR 扩增体系中加入扩增引物对的同时,加入与目的序列匹配的特异性 TaqMan 荧光探针,当 PCR 扩增时,引物与探针同时结合到模板上,探针的结合位置位于上下游引物之间。当扩增延伸到探针结合的位置时,Taq 酶利用 5' 外切酶活性,将探针 5' 端连接的荧光分子从探针上切割下来,使报告荧光基团和淬灭荧光基团分离,从而使其发出荧光。检测到的荧光分子数与 PCR 产物的数量成正比,即每扩增一个 DNA 分子,就有一个荧光分子形成,荧光强度与结合探针的 DNA 总量成正比。因此,根据 PCR 反应体系中的荧光强度即可计算出初始 DNA 模板的数量。

TaqMan 法的优点包括特异性强、准确性高、灵敏度高,缺点是价格高昂、探针设计有难度、只能用于检测产物长度低于 150 bp 的反应。

荧光定量 PCR 法具有动态范围大、灵敏度高、序列特异性强等优点,但缺点是存在假阳性和引物设计较难。荧光定量 PCR 法的准确定量依赖于多个步骤的相互连接,为了获得准确和可重复的结果,需要考虑 RNA 提取、RNA 完整度、cDNA 合成、引物设计、扩增子检测和数据统计等因素。

3. 微阵列技术

微阵列(microarray)技术是一种快速、高通量检测 miRNA 的方法。其基本原理是使用荧光标记的探针与 RNA 样本杂交,使用扫描仪进行荧光扫描,荧光信号强度反映样本中相应 miRNA 表达水平,扫描后获得 miRNA 表达图谱,借助相应软件可以进行 miRNA 的表达分析。

虽然微阵列技术可实现高通量检测,但成本较高,且无法检测到分子量较低的 miRNA,对序列相似的 miRNA 分析的特异性也不太好。

4. RNA 测序

RNA 测序就是用高通量测序技术进行测序分析,反映出 mRNA、miRNA、LncRNA 等的表达水平。

RNA 测序的标准工作流程是从实验室提取 RNA,然后 mRNA 富集或去除核糖体 RNA,再进行 DNA 反转录以及制备由接头连接的测序文库。接下来,这个文库会被高通量测序平台测序,实验得到的数据通过比对或拼接测序的读长映射到转录组,量化覆盖转录本的读长,过滤和样本间归一化,用统计模型描述每个基因在各个样本组之间的表达水平上的差异。

虽然 RNA 测序可实现高通量检测,灵敏度也高,能够检测出未知 RNA 分子,但成本较高。

四、miRNA 靶基因预测与验证

一般来说,miRNA 和靶基因是不完全互补配对的结合,但是有一段 seed region 即种子区一般是互补的。单个 miRNA 可以靶向调控数百个 mRNA,反之一个 mRNA 也可以被多个 miRNA 靶向调控。因此,需要对某个 miRNA 靶向调控的基因进行预测,反之也可以预测多个 miRNA 靶向调控基因。在几个数据库中输入 miRNA/mRNA 名称,获得预测结果,取交集,然后利用双荧光素酶报告基因实验进行验证。

1. miRNA 靶基因预测方法

使用 TargetScan、miRDB、starBase 等数据库,预测靶基因 3' UTR 与 miRNA 的结合位点,根据 miRNA 与 mRNA 的匹配程度评分,推测在三个或以上物种中获得高分的 mRNA 为该 miRNA 预测的靶基因,最权威的数据库是 TargetScan,可以多个数据库一起做预测然后取交集,缩小候选分子范围。

常见的 miRNA 靶基因预测工具包括如下:

(1) TargetScan

TargetScan 用起来很简单方便,输入 miRNA 的名称则能查出某个 miRNA 可能作用的多种靶基因。输入基因名能查出某个基因 3' UTR 可能作用的多个 miRNA。最新版的 TargetScan 还能列出目前发现的多种 3' UTR。

(2) miRcode

miRcode 与 TargetScan 相比,主要增加了非编码 RNA 和非 3' UTR 区的检索。

(3) miRDB

miRDB 比 TargetScan 功能更多,除了能检索 3' UTR 区外,还能搜索编码区和 5' UTR 区,以及对给定序列进行匹配。

(4) RNA22

RNA22 与 miRDB 类似,能预测 miRNA 的靶基因,包括 mRNA 和 LncRNA,其在线预测特定基因序列和特定 miRNA 序列的作用位点的功能强大。

(5) starBase

starBase 收集了基于 Ago-Seq 数据的 miRNA 与 mRNA 结合结果,以及多种 ncRNA 相互作用的结果,以散点图和直方图呈现了可用来分析多种肿瘤类型中的 miRNA 与靶基因的表达数据。

(6) miRTarBase

miRTarBase 收录各种手段检测过的 miRNA 靶基因数据,可以查看靶基因是否已经被研究过或者研究的程度等。

2. miRNA 靶基因验证方法

(1) 双荧光素酶报告基因实验

此实验是证实 miRNA 与预测靶基因具有潜在的结合关系的经典方法。

荧光素酶(luciferase)是能够催化底物氧化发光的一类酶的统称,其中应用较为广泛的是萤火虫荧光素酶(firefly luciferase)和海肾荧光素酶(Renilla luciferase)。

报告基因(reporter)是一种非常容易被实验仪器检测到的化学基团,例如荧光素酶基因。

双萤光素酶报告基因检测系统在细胞中同时表达萤火虫萤光素酶和海肾萤光素酶,两者可催化各自的底物发生氧化作用产生生物荧光,以萤火虫萤光素酶为核心的报告基因,海肾荧光素酶作为内参,利用两者表达产生的荧光比值可以证实微观层面上的分子间的相互作用。

根据软件预测的靶基因 3' UTR 与 miRNA 的结合位点,设计引物 PCR 扩增靶基因 3' UTR 序列,或直接进行基因合成,再插入到双荧光素酶报告基因载体上。将报告基因载体和 miRNA mimic 或 miRNA NC 共转染细胞,24~72 h 后,分别加荧光素酶底物,用荧光测定仪检测荧光强度,进行双荧光素酶检测,确定目的 miRNA 的靶基因。双报告基因通过共转染海肾荧光素酶作为内参为实验提供基准线,从而可以最大限度地减小细胞活性和转染效率等外在因素对实验的影响,使数据结果更为可信。此法具有可定量、高灵敏度及低背景等特点。

(2) 测定 miRNA 对靶基因表达的影响

为了验证 miRNA 对靶基因的调控,可直接检测 miRNA 过表达或下调表达后,靶基因在 mRNA 水平或蛋白水平上的变化。

其具体做法是将 miRNA 模拟物(mimic)或抑制物(inhibitor)转染到细胞中,利用 qRT-PCR 法和 Western Blot 法分别测定靶基因在 mRNA 和蛋白水平上的表达变化,如果发生显著性表达变化,说明 miRNA 对靶基因表达有负调控关系。

(3) 分析 miRNA 与靶基因的表达趋势

为了验证在外界刺激或某个条件下, miRNA 对靶基因的调控参与了细胞的生命活动, 可利用 qRT-PCR 法和 Western Blot 法检测在外界刺激或某个条件下 miRNA 与靶基因的表达变化, 如果 miRNA 与靶基因的表达趋势刚好相反, 则具有统计学意义的相关性, 说明 miRNA 调控靶基因参与了外界刺激下的细胞生物学变化。

第三节
LncRNA 的基本知识

一、LncRNA 概述

1. LncRNA 的特点

(1)长度大于 200 个核苷酸,广泛存在于真核细胞的细胞核和细胞质中。

(2)具有启动子结构,可以结合转录因子。

(3)非蛋白编码,有调控功能,但不具有翻译成蛋白质的能力。

(4)具有细胞型和组织特异性,在组织分化发育过程中具有明显的时空表达特异性。

(5)作用机制多样,参与细胞内多种过程调控,在疾病中有特征性的表达方式。

(6)序列上保守性较低,只有约 12% 的 LncRNA 可在人类之外的其他生物中找到。

(7)可能与其共表达的蛋白编码基因具有共同的生物学功能。

(8)转录本由多个外显子组成,通常包括 5' 帽子和 3' poly(A)尾巴。

(9)包含许多类型的转录本,在结构上类似 mRNA。

表 8.2 对 mRNA 与 LncRNA 进行了比较。

表 8.2　mRNA 与 LncRNA 的比较

类型	相同点	不同点
mRNA	经过转录后加工,形成二级结构,组织特异性表达,在疾病和发育中发挥重要作用	蛋白编码的转录本,物种间高度保守,存在于细胞核和细胞质,共计 2 万~2.4 万条 mRNA
LncRNA		非蛋白编码,有调控功能,物种间保守性低,主要存在于细胞核,预计数量为 mRNA 的 3~100 倍

2. LncRNA 的作用模式

与 miRNA 不同的是,LncRNA 没有普遍的作用模式,而是以许多不同的方式来调控基因表达和蛋白合成。

(1)信号分子

LncRNA 的转录有组织、时间特异性,所以它可以作为转录活性的分子信号或指示剂进一步调控其他基因的表达。

（2）诱饵分子

LncRNA 能与其他调控 RNA 或蛋白结合并将其隔离，从而对靶基因进行调控。

（3）指导分子

LncRNA 可以指导蛋白复合物定位到特定调控位点，以此对靶基因进行调节。

（4）骨架分子

LncRNA 可以作为多种分子元件（蛋白/RNA）组装的平台，招募形成各种复合物，从而对靶基因进行调控。

3. LncRNA 的作用机制

LncRNA 的作用机制多样，如图 8.4 所示，具体包括：

（1）转录时干扰邻近基因，影响编码蛋白的基因上游启动子区转录，干扰下游基因的表达；

（2）介导染色质重构和组蛋白修饰，影响下游基因的表达；

（3）与编码蛋白基因的转录本形成互补双链，干扰 mRNA 的剪切，形成不同的剪切形式，得到多种可选择的拼接方式；

（4）与编码蛋白基因的转录本形成互补双链，在 Dicer 酶的作用下产生内源性 siRNA；

（5）与特定蛋白质结合，LncRNA 转录本可调节蛋白质的活性；

（6）作为蛋白质的结构组分与蛋白质形成核酸蛋白质复合体；

（7）结合到特定蛋白质上，改变蛋白质的细胞定位；

（8）作为小分子 RNA（如 miRNA、piRNA）的前体分子。

4. LncRNA 对基因的调节作用

LncRNA 具有多种转录因子结合位点，而且多数通过反式作用影响全体基因，对基因的调节方式多种多样，但主要表现在转录水平、转录后水平和表观遗传学水平。

（1）转录水平

LncRNA 主要影响 mRNA 的生成，部分 LncRNA 基因位于编码基因上游启动子区，可转录为相应 LncRNA，作为顺式作用元件干扰下游基因的转录，从而影响 mRNA 的生成。

（2）转录后水平

LncRNA 可影响 pre-miRNA 的剪接、核内运输及 mRNA 降解，通过与 pre-miRNA 形成双链复合物等形式，进而在转录后水平调控基因的表达。

（3）表观遗传学水平

表观遗传指的是 DNA 序列不变，但基因的表达发生可遗传的变化，主要涉及 DNA 甲基化、组蛋白修饰和染色体构象的改变。

（1）转录时干扰邻近基因

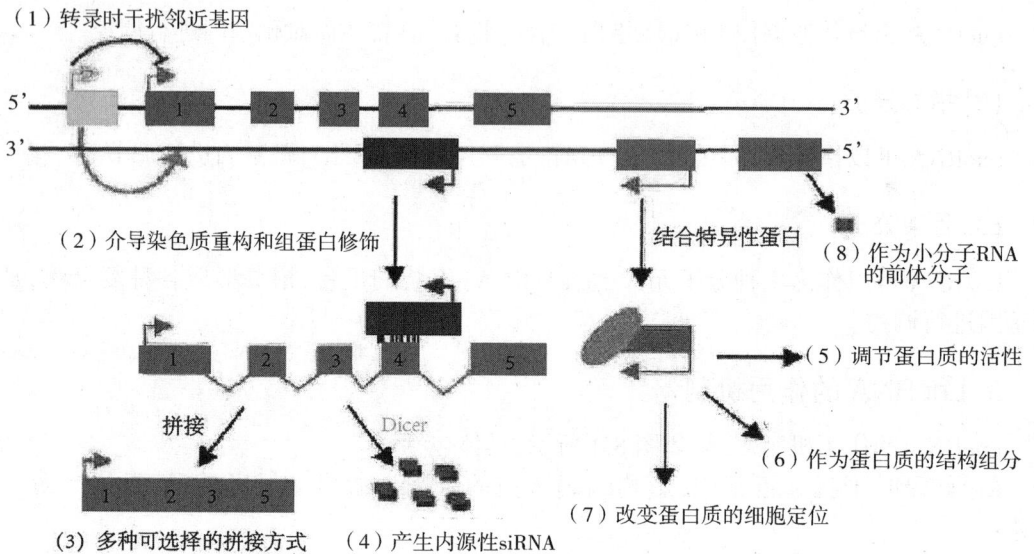

（2）介导染色质重构和组蛋白修饰

结合特异性蛋白

（8）作为小分子RNA的前体分子

拼接

Dicer

（5）调节蛋白质的活性

（6）作为蛋白质的结构组分

（3）多种可选择的拼接方式 （4）产生内源性siRNA

（7）改变蛋白质的细胞定位

图 8.4 LncRNA 的作用机制

5. LncRNA 的功能

研究表明，LncRNA 在剂量补偿效应、表观遗传调控、细胞周期调控和细胞分化调控等众多生命活动中发挥重要作用，LncRNA 的表达或功能异常与人类疾病的发生密切相关，具体表现为 LncRNA 在序列和空间结构上的异常、表达水平上的异常、与结合蛋白相互作用的异常等。在癌症研究中，LncRNA 的功能与 miRNA 类似，也包括促癌、抑癌和由细胞背景决定的作用。

二、miRNA 与 LncRNA 的区别与联系

与 miRNA 相比，LncRNA 在所属范围、片段大小、作用方式和对疾病的影响上有明显的不同（表 8.3）。

研究发现，miRNA 与 LncRNA 之间存在调控关系，具体包括：

1. miRNA 调控 LncRNA

（1）miRNA 直接作用于 LncRNA，由于 LncRNA 的转录成熟过程与 mRNA 的转录成熟过程类似，包括 RNA 的转录和编辑，成熟的 LncRNA 通常也加帽，也有 Poly-A，即有 5' UTR 和 3' UTR，故 miRNA 与 LncRNA 3' UTR 不完全匹配，对 LncRNA 进行负性调节。

（2）miRNA 间接作用于 LncRNA，主要是 LncRNA 与 miRNA 调节网络存在的重叠或者两者位置的特殊关系影响其相互作用，鉴于 miRNA 的基因可以位于基因组编码区和非编码区，

LncRNA 与 miRNA 可存在着物理联系,且 LncRNA 与 miRNA 的交互作用形成了转录组中的调控网络,该交互作用有时还具有类似于增强子的功能来影响邻近基因表达。

表 8.3　miRNA 与 LncRNA 的比较

类型	所属范围	片段大小	作用方式	对疾病的影响
miRNA	短链非编码 RNA	21 ~ 23 nt 核苷酸	通过不完全互补结合到目标靶基因 mRNA 3' UTR,使蛋白质翻译抑制,进而抑制蛋白质合成,阻断 mRNA 的翻译	在肿瘤的发生、发展、转移、耐药中,miRNA 是最有力的基因调控因子,既可作为致癌基因,也可作为抑癌基因
LncRNA	长链非编码 RNA	大于200 nt 核苷酸	担任信号分子、分子诱饵、指导分子和骨架分子调控靶基因表达	在众多生命活动中发挥重要作用,调控个体生长发育,在某些疾病的发生发展中起信号作用

2. LncRNA 调控 miRNA

(1) LncRNA 作为 miRNA 的前体或宿主

某些 LncRNA 可通过细胞内的剪切作用形成 miRNA 的前体,也有部分基因可以在转录产生 LncRNA 的同时转录产生 miRNA,进一步加工生成特异性的 miRNA 后才能调控靶基因的表达。

(2) LncRNA 与 miRNA 竞争性结合 mRNA

LncRNA 通过与 miRNA 竞争结合靶基因 mRNA 的 3' UTR,间接抑制 miRNA 对靶基因的负向调控。

(3) 海绵效应

LncRNA 以诱饵的方式吸附一些特定的 miRNA,从而调控这些 miRNA 靶基因的表达,这种作用方式被称为"海绵效应",具有该作用的 LncRNA 被称为竞争性内源 RNA(ceRNA)。LncRNA 与 miRNA 之间主要通过 miRNA 应答元件(MRE)进行调控,MRE 就像 miRNA 与其他 RNA 之间的一种"语言",存在的 MRE 数量越多,两者间的交流越多,且两者的交流是双向的。

3. miRNA 与 LncRNA 形成调节环路

LncRNA 与 miRNA 都有各自的调控网络,但是两者的调控网络并不是独立存在的,很多时候在一种疾病的发生发展中,LncRNA 与 miRNA 的调控是相互依存、相互交织的,从而共同形成了一个复杂的调控环路。

三、LncRNA 的测定方法

目前用于检测 LncRNA 表达的最常用的方法为荧光定量 PCR 检测,与 mRNA 的检测方法相似。LncRNA 的高通量研究方法,主要是微阵列和新一代高通量测序,具体与 miRNA 检测方法相似,在大规模发现的 LncRNA 和探索 LncRNA 的功能中得到应用。

四、LncRNA 靶基因预测

寻找 LncRNA 靶基因,挖掘它对基因表达、蛋白合成各方面的调控作用是 LncRNA 研究的关键。LncRNA 可通过与 DNA/RNA 结合或与蛋白结合而行使其功能,目前对 LncRNA 的靶基因的预测可大致分四种情况:

1. 已知基因通用名称的 LncRNA

直接通过数据库软件(如 starBase、ChIPBase、NONCODE 等),利用基因的通用名称(gene symbol)搜索其相关信息。

2. 新发现的 LncRNA

由于 LncRNA 对靶基因没有固定的作用模式,基因调控可能以顺式(cis)或反式(trans)作用发生,所以可以根据不同的作用方式分别进行预测。

(1)顺式作用靶基因预测

顺式作用靶基因预测认为 LncRNA 的功能与其坐标邻近的蛋白编码基因相关,位于编码蛋白上下游的 LncRNA 可能与启动子或者共表达基因的其他顺式作用元件有交集,从而在转录或者转录后水平对基因的表达进行调控。因此,首先找出位于其上游或者下游附近的编码蛋白基因,通过对编码蛋白的功能富集分析,从而预测 LncRNA 的主要功能。

(2)反式作用靶基因预测

反式作用靶基因预测认为 LncRNA 的功能与其共表达的蛋白编码基因相关。当 LncRNA 与一些距离较远的基因在表达量上存在正相关或负相关的情况时,可以通过 LncRNA 与蛋白编码基因的表达量的相关性分析或加权基因共表达网络分析(WGCNA)来预测其靶基因。

3. 根据 LncRNA 结合的核酸序列来预测

因为 LncRNA 是核酸,而核酸与核酸之间是有碱基互补配对的,不管是 LncRNA 与 RNA 之间还是 LncRNA 与 DNA 之间,都可以根据互补配对的特性进行预测。

(1)根据 LncRNA、miRNA、mRNA 之间的互补序列预测靶基因

LncRNA 参与调控转录后进程时与 miRNA 类似,往往与碱基的互补配对有关。miRNA 对靶基因预测的方式可以用于 LncRNA 靶基因预测,适用的模式是 LncRNA 作为 miRNA 海绵吸附 miRNA,或者进一步通过 ceRNA 的作用机制调控靶基因,原理都是 miRNA 与 LncRNA 和 mRNA 的序列结合,这种方式也是现在预测靶基因时用得最多的。

（2）根据 LncRNA 和 mRNA 之间的互补序列预测靶基因

一部分反义 LncRNA 可能因为与正义链的 mRNA 结合而调控基因沉默、转录过程及 mRNA 的稳定性。所以，可以利用软件（如 RNAplex）预测反义 LncRNA 与 mRNA 之间的互补配对关系，通过最小自由能的比较，预测 LncRNA 的靶基因。这种在线软件有 LncRNATargets（http://www.herbbol.org:8001/lrt/）。

（3）根据 LncRNA 和 DNA 之间的互补序列预测靶基因

LncRNA 通过结合单链 DNA 发挥调控作用，通过预测工具 LncRNATargets 可以实现 LncRNA 靶基因的预测。

4. 根据蛋白的结合特性来预测

LncRNA 与核酸结合依据的是碱基配对原理，LncRNA 通过与蛋白结合形成 RNA-protein 复合物，从而发挥多样性的功能。因此，可以依据这些规律预测 LncRNA 的结合蛋白，可使用的预测软件包括 RBPDB、RNAcommender 等。

五、LncRNA 功能研究和机制研究

为了进一步研究 lncRNA，在测定了 LncRNA 表达水平和预测了其靶基因之后，需要进行后续实验开展 LncRNA 的功能和机制的研究。

1. LncRNA 功能研究

LncRNA 功能研究包括功能获得性研究和功能缺失性研究。即研究 LncRNA 功能获得后或者功能缺失后对细胞增殖、凋亡、侵袭、转移与克隆形成等方面的影响。

2. 机制研究

LncRNA 可与蛋白质、DNA 和 RNA 相互作用，目前最常用的是利用 RNA 沉淀检测（RNA pull down）、RNA 结合蛋白免疫共沉淀（RNA RIP）、染色质免疫共沉淀结合测序（CHIRP-seq）等技术手段开展机制研究。

当前很多学者还通过研究 ceRNA 调控网络来研究 miRNA 与 LncRNA 的调控关系，从而揭示 LncRNA 表达调控机制。

第四节

miRNA 与 LncRNA 的分析策略

一、miRNA 分析策略

miRNA 可以通过多种途径调控基因的表达，miRNA 的生物学功能涉及各种生理和病理过程，包括：发育过程调节、抵抗病毒入侵、免疫功能调节、各器官/系统疾病以及肿瘤发生和发展等。在开展针对 miRNA 的研究时，可以从如下几个方面进行：

1. 确定目的 miRNA

根据文献报道，对样本进行微阵列或高通量测序，选择表达异常升高或降低的 miRNA，利用 qRT-PCR 检测 miRNA 在不同细胞或者组织中的表达水平，确定差异表达的 miRNA 作为目的 miRNA。

2. miRNA 靶基因预测与验证

使用 TargetScan、miRDB、starBase 等数据库软件，预测靶基因 3' UTR 与 miRNA 的结合位点，最权威的数据库是 Targetscan，利用多个数据库一起做预测后取交集，再利用双荧光素酶报告基因实验进行验证。

3. miRNA 的功能研究

可用 gain/loss of function 策略，过表达或抑制 miRNA 后观察表型，即研究 miRNA 功能获得后或者功能缺失后对细胞增殖、凋亡、侵袭、转移与克隆形成等方面的影响。

(1) 功能获得性研究

使用 miRNA 模拟物或构建 miRNA 表达载体，经 qRT-PCR 验证 miRNA 表达升高后进行细胞转染，测出相关的细胞学功能指标，分析 miRNA 细胞学功能。

(2) 功能缺失性研究

使用 miRNA 抑制物抑制 miRNA，经 qRT-PCR 验证 miRNA 表达降低后进行细胞转染，观察其对细胞表型和对相关基因表达的影响。

4. miRNA 机制研究

miRNA 在转录后水平靶向负调控基因表达,miRNA 与靶蛋白表达量相反,因此需要利用 Western Blot 法测定 miRNA 靶基因的蛋白表达水平。此外,根据细胞表型研究信号通路关键基因的变化,揭示 miRNA 可能参与的分子机制。围绕 miRNA 靶基因进行 gain/loss of function 研究,观察是否得到与 miRNA 转染实验相反的结果。

挽救(Rescue)实验是是机制研究必不可少的一部分。实验设计为如上调 A 因素导致了 B 结果的出现,那么下调 A 因素是否可以挽救/逆转 B 结果的出现。在 miRNA 机制研究中,miRNA 模拟物转染上调 miRNA 表达导致了某结果的出现,那么 miRNA 靶基因过表达是否可以挽救/逆转 miRNA 模拟物转染结果的出现。

因此,通常使用 miRNA 模拟物和靶基因过表达质粒进行共转染实验,或者使用 miRNA 抑制物和靶基因 siRNA 进行共转染实验,观察靶基因的转染是否能够挽救 miRNA 的作用。

例如,为了筛选 miR-22 潜在的靶基因,利用 TargetScan、miRDB、starBase 等数据库预测发现 STAG2 的 3' UTR 存在和 miR-22 种子序列互补的序列,作用模式如图 8.5A,利用双荧光素酶报告基因实验证实了 STAG2 和 miR-22 存在靶向调控关系(图 8.5B)。使用 pre-miR-22 过表达 miR-22 和 anti-miR-22 抑制 miR-22,进行细胞转染后,Western Blot 实验结果显示 pre-miR-22 能够显著性抑制 STAG2 蛋白表达(图 8.5C),说明 miR-22 能够负调控靶基因 STAG2 表达。此外,细胞计数实验结果说明过表达 miR-22 能够抑制细胞增殖,细胞数量少于对照组(图 8.5D)。

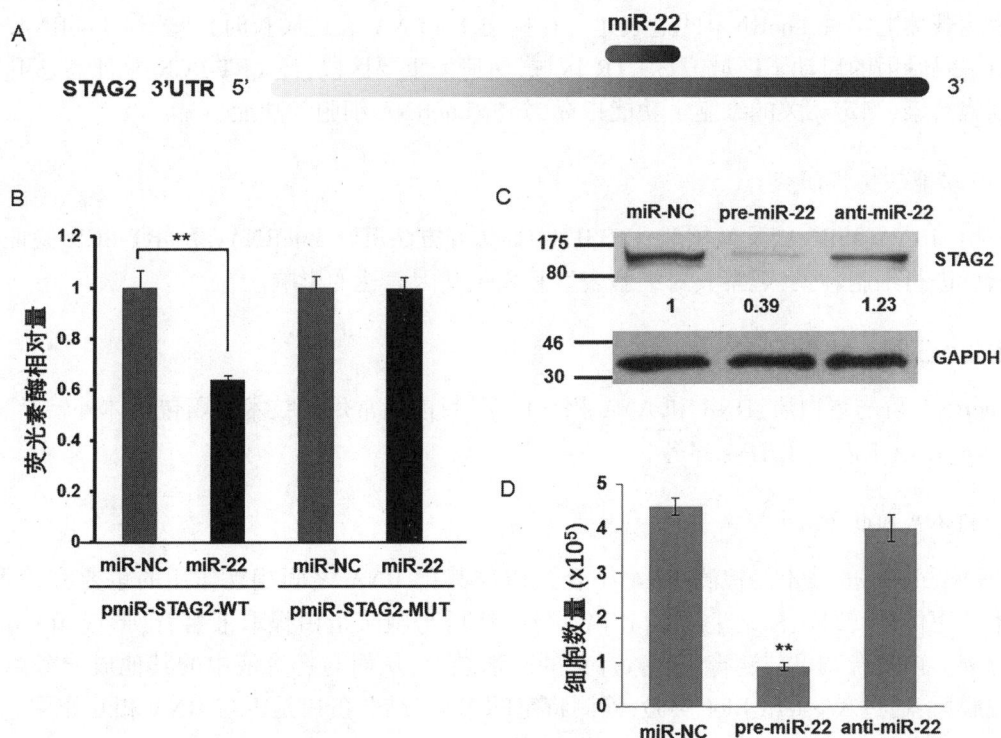

图 8.5 miR-22 靶基因 STAG2 的预测和验证分析(* * p<0.01)

二、LncRNA 分析策略

LncRNA 通过多种机制调控基因的表达,参与多种生物学调控,在生命活动中发挥着重要的作用。在开展针对 LncRNA 的研究时,可以从如下几个方面进行:

1. 确定目的 LncRNA

对样本进行微阵列或高通量测序,确定差异表达的 LncRNA,利用 qRT-PCR 检测 LncRNA 在不同细胞或者组织中的表达水平;用细胞核质分离试剂盒提取 RNA,进行 qRT-PCR 检测,测试其在细胞核或细胞质中的分布情况。

2. LncRNA 的功能研究

探讨 LncRNA 功能时可用 gain/loss of function 策略,过表达或沉默 LncRNA 后观察表型,即研究 LncRNA 功能获得后或者功能缺失后对细胞增殖、凋亡、侵袭、转移与克隆形成等方面的影响。

(1)功能获得性研究

构建 LncRNA 过表达质粒或者慢病毒、腺病毒包装载体,原则上是将全长 LncRNA 定向克隆到表达载体上实现 LncRNA 的过表达。在构建 LncRNA 表达质粒时,需关注 LncRNA 是否在蛋白编码基因的启动子区域或 3′UTR 区域,勿遗漏重要区段,经 qRT-PCR 验证表达升高后进行细胞转染,测定相关的细胞学功能指标,分析 LncRNA 细胞学功能。

(2)功能缺失性研究

使用 siRNA、shRNA、反义核酸、CRISPR/Cas9 等方法沉默 LncRNA,经 qRT-PCR 验证其表达降低后进行细胞转染,观察其对细胞表型和相关基因表达的影响。

3. LncRNA 机制研究

LncRNA 可与蛋白质、DNA 和 RNA 相互作用,目前最常用的技术手段包括体外转录、RNA pull down、RNA-RIP、CHIRP-seq 等。

(1)RNA pull down 技术

RNA pull down 技术是检测 RNA 结合蛋白与其靶 RNA 之间相互作用的重要实验手段。该技术利用体外转录法标记生物素 RNA 探针,然后与胞浆蛋白提取液孵育,形成 RNA-蛋白质复合物。该复合物可与链霉亲和素标记的磁珠结合,从而与孵育液中的其他成分分离。复合物洗脱后,通过 Western Blot 实验,检测特定的 RNA 结合蛋白是否与 RNA 相互作用。

(2)RNA-RIP 技术

RNA-RIP 技术是一种高通量检测细胞内 RNA 与蛋白结合情况的技术,运用针对目标蛋白的抗体,把相应的 RNA-蛋白复合物沉淀下来,然后经过分离纯化,对结合在复合物上的 RNA 进行分析。

(3) CHIRP-Seq 技术

CHIRP-Seq 技术是一种检测与 RNA 绑定的 DNA 和蛋白的高通量测序方法。该技术采用生物素和链霉亲和素探针把目标 RNA 拉下来后,则与其共同作用的 DNA 染色体片段就会附在磁珠上,最后把染色体片段做高通量测序,就会得到该 RNA 能够结合在基因组的哪些区域;如果结合物是蛋白质,可以将蛋白质打断成肽段进行质谱鉴定。

4. LncRNA 表达调控研究

研究 DNA 甲基化和乙酰化,可通过检测相应基因甲基化、乙酰化差异与 LncRNA 结合分析;研究 miRNA 与 LncRNA 的调控关系,可以借助 starBase 和 DIANA-LncBase 数据库,构建 miRNA 和 LncRNA 的调控关系网络。

以 KCNQ1OT1 和 hsa-miR-137-3p-PTP4A3 在前列腺癌细胞迁移和侵袭中的作用为例。

利用生物信息学方法发现 KCNQ1OT1 LncRNA 与 hsa-miR-137-3p 种子序列存在互补结合序列,可能两者存在调控关系,利用双荧光素酶报告基因实验证实 KCNQ1OT1 LncRNA 与 hsa-miR-137-3p 有靶结合关系,利用 RNA-RIP 实验证实 KCNQ1OT1 LncRNA 位于细胞质中,与 hsa-miR-137-3p 可以进行特异性结合和相互作用。KCNQ1OT1 siRNA 转染可以引起前列腺癌细胞迁移和侵袭能力降低,但在挽救实验中共转染 anti-miR-137-3p 或 PTP4A3-WT 后,KC-NQ1OT1 siRNA 的影响不明显,干扰了 KCNQ1OT1 的作用。

第九章
常用实验技术

　　在细胞学实验研究中需要从培养的细胞中提取 DNA、RNA、蛋白质等，提取后为了进一步分析 DNA、RNA、蛋白质的表达和功能，常用 PCR 技术，SDS-PAGE 电泳技术与 Western Blot 分析。此外，对于培养的细胞，需要利用流式细胞术进行细胞周期、凋亡等分析。本章主要介绍常用的实验技术，包括 DNA 提取、RNA 提取和蛋白质提取的相关技术，以及常用的 PCR 技术，蛋白质免疫印迹及流式细胞术。

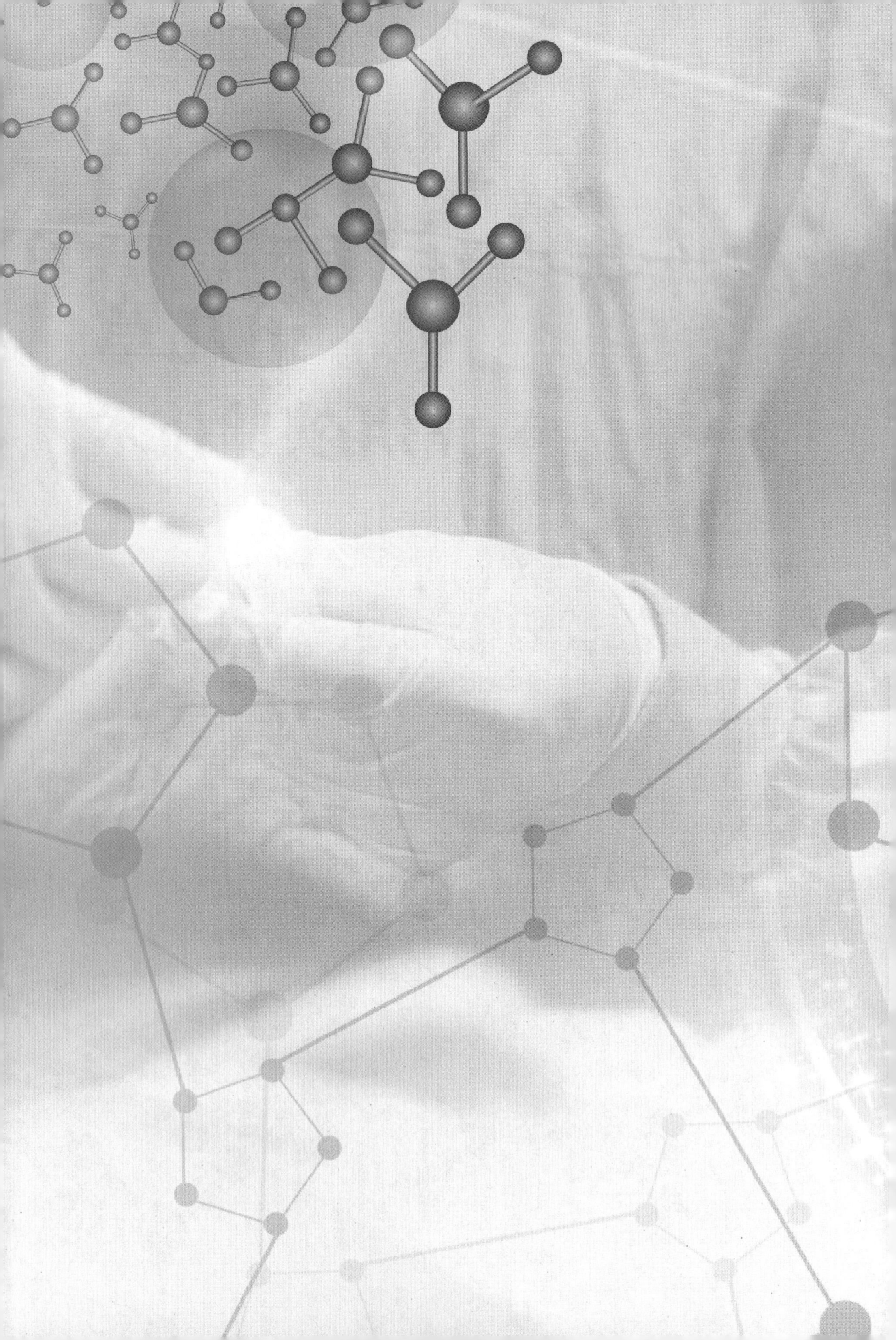

第一节
DNA 提取

一、DNA 提取原理

从培养的细胞中制备基因组 DNA 是进行基因结构和功能研究的重要步骤,通常要求得到的片段长度不小于 $100 \sim 200$ kb。DNA 提取可以简单地分为裂解和纯化两大步骤,裂解是破坏样品细胞结构,从而使样品中的 DNA 游离在裂解体系中的过程,纯化则是使 DNA 与裂解体系中的其他成分,如蛋白质、盐及其他杂质彻底分离的过程。

二、DNA 提取方法

1. 裂解方法

常规的裂解液都含有去污剂（如 SDS、Triton X-100、NP-40、Tween 20 等）和盐（如 Tris-HCl、EDTA、NaCl 等）。去污剂的作用是使蛋白质变性、破坏膜结构、去除与核酸相互作用的蛋白质。盐的作用是提供合适的裂解环境,抑制核酸酶对核酸的降解,以及维持核酸结构稳定。

(1)含蛋白酶的裂解方法

裂解体系中需要加入蛋白酶,利用蛋白酶将蛋白质消化成小的片段,促进 DNA 与蛋白质的分离,这是抽提基因组 DNA 的首选。同时,也便于后续的纯化操作。蛋白酶的作用是分解蛋白质,从而使蛋白质变小,促进蛋白质的游离,基因组 DNA 很容易"缠"住其他生物大分子物质,蛋白质被蛋白酶消化变小后,不容易被基因组 DNA"缠"住,有利于蛋白质在纯化过程中被去除,使最终获得的基因组 DNA 的纯度更高。

(2)含十六烷基三甲基溴化铵(以下称 CTAB)的裂解方法

这是针对富含多糖样品（如细菌、植物等）基因组 DNA 抽提的首选裂解方法。CTAB 的质量对裂解效率有很大的影响,尽量使用高纯度的 CTAB,并且不要轻易更换生产厂家。CTAB 的少量残留也会对酶活性有巨大影响,所以洗涤是否彻底也是该方法成功与否的关键。裂解时的温度一般为 65 ℃,但如果发现 DNA 降解严重或者 DNA 得率太低,可以尝试将温度控制在 $37 \sim 45$ ℃。

2. 纯化方法

(1) 酚氯仿抽提法

酚氯仿抽提法利用酚氯仿对裂解体系进行反复抽提以去除蛋白质,实现 DNA 与蛋白质的分离,再用醇将 DNA 沉淀下来,实现核酸与盐的分离。酚氯仿抽提是去除蛋白质的有效手段,但如果蛋白质含量超过了其饱和度,裂解体系中的蛋白质就不会被一次性去除,需要进行多次反复抽提,而每次的抽提均会导致核酸的损失。酚氯仿抽提最大的优势是成本低廉,对实验条件要求较低。

(2) 高盐沉淀法

高盐沉淀法是酚氯仿抽提法的一个变种,这种方法比酚氯仿抽提方法更简单,但是得到的 DNA 的纯度不够稳定。

(3) 离心柱纯化法

离心柱纯化法利用某些固相介质在特定条件下会选择性地吸附核酸而不吸附蛋白质及盐的特点,实现核酸与蛋白质及盐的分离,它是目前使用最广泛的用试剂盒提取 DNA 的方法。该方法受人为操作因素影响小,提取 DNA 纯度的稳定性较高,但当样品过量时,需要反复进行离心,对样品的提取效率较低。

(4) 磁珠法

磁珠法将纯化介质包被在纳米级的磁珠表面,通过介质对 DNA 的吸附,在外加磁场的作用下使 DNA 附着于磁珠并定向移动,从而达到核酸与其他物质分离的目的。与其他方法相比,磁珠法具有无可比拟的优势,包括提取灵敏度高（只需微量的样本）,纯化的纯度高（能够使核酸完全与杂质分离）,提取产量高（每毫克磁珠能吸附 500 μg DNA）,分离速度快（磁场分离只需几秒钟）,自动化操作（可通过机器自动完成操作过程,无需人力）,高通量提取（可同时完成数百个样品的提取）,无毒无害无污染（试剂中不含任何有毒物质）。该方法依赖于磁力分离装置或自动提取仪,目前提取仪的价格依然很高,故并不适用于小型实验室的常规实验。

3. 注意事项

首先,针对某个实验样品进行 DNA 提取之前,要收集该样品的特定信息,例如该样品的核酸含量、酶含量、特殊杂质含量等,只有对实验样品有所了解才能正确选择 DNA 的提取方法。其次,提取 DNA 过程中所用到的试剂和器材要通过高压烤干等办法进行无核酸酶化处理。

三、DNA 含量测定

DNA 含量测定通常有三种方法,包括凝胶电泳法、二苯胺法和分光光度法。

1. 凝胶电泳法

其基本原理是不同 DNA 分子在电场中的迁移率不同。对于线形 DNA 分子,其电场中的迁移率与其分子量、电荷量、分子大小及构象有关。因此通过电泳可大致将分子量不同的 DNA 分离开。之后通过在凝胶中加入少量溴化乙锭(其分子可插入 DNA 的碱基之间,形成一种光络合物,在 254~365 nm 波长紫外光照射下呈现荧光)来对 DNA 进行检测和分析。

具体操作是取 2~5 μL DNA 溶解液与 0.4 μL 6×加样缓冲液混合,用 0.75% 琼脂糖凝胶(含 EB 0.5 μg/mL)在紫外灯下检测。溴化乙锭可迅速嵌于 DNA 双螺旋结构中,嵌入 DNA 中的溴化乙锭受紫外光激发而发出荧光,这种荧光强度与 DNA 总质量数成正比,通过比较样品与标准品的荧光强度对样品中的 DNA 进行定量。

此法的优点是操作简单、方便、快速、适用性广,可以对不同分子量 DNA 的混合样品进行一次性检测;缺点是不能精确测量出 DNA 的浓度。

2. 二苯胺法

其基本原理是在酸性溶液中 DNA 与二苯胺共热生成蓝色化合物,该物质在 595 nm 有最大吸收,在 40~400 μg/mL 范围内时其峰值与 DNA 含量成正比。

具体操作是以 DNA 浓度为横坐标,光密度为纵坐标,绘制标准曲线。取待测样品 2 mL,加入二苯胺溶液 4 mL,摇匀,在 60 ℃ 温度下保温 1 h,然后在 595 nm 波长处测定光密度值。根据测得的光密度值,从标准曲线上查得相应的 DNA 的 μg 数,计算待测样品的 DNA 的含量。

此法的优点是操作简便,有一定精确性;缺点是仅限于提取的 DNA 浓度大于 50 mg/L,不含有糖及糖的衍生物等杂质的情况下才适用,且对 DNA 样品纯度有一定要求。

3. 分光光度法

其基本原理是组成 DNA 的碱基具有吸收紫外线的特性,其最大吸收值在波长为 250~270 nm 时。这些碱基与戊糖、磷酸形成核苷酸后吸收紫外线的特性没有改变,核酸的最大吸收波长为 260 nm,利用 DNA 的这个物理特性可测定 DNA 的浓度。同时可以检测 280 nm 处紫外吸收值,当 OD_{260}/OD_{280} 的值在 1.8~2.0 时 DNA 纯度较好,排除蛋白等的污染,可用于对 DNA 质量要求较高的实验。

具体操作:先用 1 mL 水对分光光度计校正为零点,吸取 5 μL DNA 样品,加水至 1 mL 混匀后,转入分光光度计的石英比色杯中,如果样品很少,可以用 0.5 mL 的比色杯,上述核酸样品与水的用量缩小一半;再测定 260 nm 的吸收峰即可对 DNA 进行定量;最后在 260 nm 和 280 nm 处分别读出光密度值,OD_{260}/OD_{280} 的值在 1.8~2.0 时 DNA 纯度较好。

此法的优点是灵敏度高、仪器设备简单、操作简便、快速、应用广泛,DNA 浓度较低(20~200 μg/mL)时,测定结果较好;缺点是干扰物质较多,如果存在高浓度的盐、带共轭双键的有机溶剂和蛋白质,都会对测量结果产生影响。此法无法区分 DNA、RNA、降解核酸、游离核苷酸及其他杂质,而且得到的浓度值虚高。

第二节
RNA 提取

一、RNA 提取原理

从细胞中提取 RNA 的实质就是利用化学试剂将 RNA 从细胞或组织中分离出来,并通过不同方式去除蛋白、DNA 等杂质,最终获得高纯度 RNA 的过程。

二、RNA 提取方法

1. Trizol 法(酚/氯仿法)

RNA 提取最常用的方法是 Trizol 法,通过酚的提取和氯仿的萃取,将 RNA 与 DNA 和蛋白质分离。

每 100 mg 新鲜组织加入 1 mL Trizol 试剂,使用无菌手术刀在冰上将其切碎,再用无菌匀浆器或其他设备匀浆。如果是细胞培养物,应在从培养箱中取出后立即进行处理。细胞培养或处理结束后去除培养基,并用预冷 PBS 缓冲液快速冲洗一次,每 $1 \times 10^6 \sim 5 \times 10^6$ 个细胞中加入 1 mL Trizol 试剂。用一次性注射器进行反复吹打直至看不见成团的细胞块,使整个溶液呈清亮且不黏稠的状态,用液氮速冻后放入干冰或在 $-80\ ℃$ 冰箱中保存。

Trizol 试剂是一种酸性溶液,含有硫氰酸胍(GITC)、苯酚和氯仿。GITC 会不可逆地使蛋白质和 RNA 酶变性。在酸性条件下,加氯仿离心后的溶液分三层:上层为水相(含 RNA,可能还有少量 DNA),中层为白色薄层(含蛋白质和 DNA),下层为有机相(含氯仿和蛋白质等)。用异丙醇在上层水相中沉淀回收 RNA。Trizol 法提取出的 RNA 的纯度高,但过程复杂。

2. 硅胶柱法

硅胶柱法是一种高效的 RNA 提取方法。该方法利用硅胶柱对 RNA 进行纯化,可以避免 RNA 被污染。该方法提取出的 RNA 纯度高,但成本也较高。

3. 离心管法

离心管法是一种简单易行的 RNA 提取方法。离心管在高速离心时 RNA 会沉淀在管底,可用吸管将 RNA 吸走。该方法不需要昂贵的硅胶柱,但提取的 RNA 的纯度较低。

值得注意的是,提取得到 RNA 后,需要对 RNA 进行质量检测,以确定是否符合后续实验的要求。不同的实验对 RNA 的要求不尽相同。cDNA 文库构建要求 RNA 完整且无酶等抑制物残留;Northern blot 实验对 RNA 完整性要求较高,对酶反应抑制物残留的控制要求较低;RT-PCR 实验对 RNA 完整性要求不太高,但对酶反应抑制物残留的控制要求严格。因此在进行不同的实验时应选择不同的方法纯化 RNA,以达到最佳的效果。

三、RNA 浓度和纯度检测

提取得到 RNA 后,通常使用分光光度计对 RNA 浓度和纯度进行检测。

1. RNA 浓度检测

通过分光光度计测定 RNA 溶液在 260 nm 处的吸光值来计算 RNA 的含量。通常分光光度计 OD_{260} 的读数在 0.15~1.0 才是可靠的。因此在 RNA 提取结束后,要将其稀释到适当浓度范围,再用分光光度计检测。按下面的公式计算 RNA 浓度:

$$RNA 浓度(\mu g/mL) = OD_{260} \times 稀释倍数 \times 40\ \mu g/mL$$

2. RNA 纯度检测

通过 $OD_{260/280}$ 值来检测 RNA 纯度,$OD_{260/230}$ 值可作为参考值。

如 $OD_{260/280}$ 值在 1.9~2.1,可以认为 RNA 的纯度较好;$OD_{260/280}$ 值小于 1.8,则表明蛋白杂质较多;$OD_{260/280}$ 值大于 2.2,则表明 RNA 已经降解;$OD_{260/230}$ 值小于 2.0,则表明溶液中有异硫氰酸胍和 β-巯基乙醇残留。注意,如果用 TE 溶解或洗脱 RNA,会使 $OD_{260/280}$ 值偏大。

第三节

蛋白质提取

一、蛋白提取原理

细胞膜或细胞壁破碎后,可用溶剂将蛋白质溶出,再用离心法除去不溶物,最后就可得到含有蛋白质的抽提液。

二、蛋白提取方法

细胞内蛋白质的提取常用水溶液提取法,抽提蛋白质的理想条件是尽可能促进蛋白质在溶剂中溶解,而减弱蛋白水解酶活力,以减少细胞的自溶过程。选择适当的 pH 值、温度和溶剂,加入适当蛋白水解酶的抑制剂和磷酸酶抑制剂,特别是稀盐缓冲系统的水溶液对蛋白质稳定性好、溶解度大,是提取蛋白质最常用的溶剂。

具体操作是先配置细胞裂解液,主要成分为 20 mM Tris(pH=7.5),150 mM NaCl,1% Triton X-100,以及 EDTA,蛋白酶抑制剂(如亮肽素等)。常用 1 mL 裂解液与 10 μL 蛋白酶抑制剂混匀备用(蛋白酶抑制剂有效时间不超过 30 min,要现用现配),然后取出细胞,吸弃培养液,使用常温 PBS 缓冲液清洗一遍,吸弃。此后,所有操作均在冰浴上进行。100 mm 皿培养的细胞加入 250~350 μL 裂解液,铺匀裂解液,冰浴裂解 10 min。用细胞刮将细胞从培养皿上分离收集至离心管中,继续冰浴裂解 5~10 min;用注射器反复抽吸,然后以 12 000 r/min 的速度在 4 ℃条件下离心 5 min,用新离心管取上清液,此管中即为细胞蛋白质。

三、蛋白浓度测定

常用的蛋白质测定方法有三种:BCA 法、Bradford 法和分光光度法。

1. BCA 法

BCA 法是近年来广泛应用的蛋白质定量方法。其原理是在碱性环境下蛋白质会与二价铜离子络合并将二价铜离子还原为一价铜离子,BCA 会与一价铜离子结合形成稳定的蓝紫色复合物,该复合物在 562 nm 处有较高的吸光值,并与蛋白质浓度成正比。

这一方法灵敏度高、操作简单、试剂及其形成的复合物颜色稳定,适用于表面活性剂存在下的蛋白质浓度的检测,可兼容高达 5% 的 SDS、TritonX-100 及 Tween 等。但这一方法需要提前制作标准曲线,而且如果溶液中含有与铜离子反应的螯合剂(比如 EDTA)或者还原性试剂(比如 β-巯基乙醇),结果将受到很大的影响。同时,BCA 方法的检测结果也会受到蛋白质内半胱氨酸、酪氨酸、色氨酸含量的影响。

2. Bradford 法

Bradford 法在 1976 年建立,也是广泛应用的蛋白质定量方法。它依据的是带负电的考马斯亮蓝染料会与蛋白质中碱性氨基酸相互作用这一原理。考马斯亮蓝在溶液中显红色,吸收峰在 465 nm 处,当与蛋白质结合后显蓝色,在 595 nm 处有吸收峰,595 nm 处的吸光值与蛋白质的浓度成正比。

此法灵敏度高、操作简单,与还原性试剂是兼容的,但有必要在每次实验时都进行标准曲线的制作,而且高浓度去垢剂会影响 Bradford 方法的准确性。

3. 紫外分光光度法

这个方法通过测量蛋白质中含有的共轭双键的酪氨酸和色氨酸在 280 nm 处吸光值来估测蛋白质的含量。此法操作简单迅速,且不消耗样品,多用于纯化的蛋白质的微量测定,但常常不可靠,必须要有待测蛋白质的纯品作为参考。

第四节

常用 PCR 技术

PCR 是聚合酶链式反应的简称,是一种体外扩增特定 DNA 片段的分子生物学技术,用于特定的 DNA 片段的放大,也可用于生物体外特殊 DNA 的复制。常用 PCR 技术包括普通 PCR、qPCR、RT-PCR、RT-qPCR 和 dPCR 等(表 9.1),在生物科研和临床应用中得到广泛应用。

表 9.1　不同 PCR 技术的主要优缺点

方法	含义	优点	缺点
PCR	指的是普通 PCR,以双链 DNA 为模板,以 dNTP 为底物,定性扩增双链 DNA	成本低,标准完善,产物可回收用于其他试验	操作烦琐,特异性和敏感性低,易污染,只能定性,不能定量
RT-PCR	逆转录 PCR,以由 mRNA 逆转录成的 cDNA 为模板,以 dNTP 为底物,进行 DNA 的扩增,属于 PCR 的变种,结果只能定性,不能定量	可与所有的 RNA 类型一起使用	RNA 容易降解,RT 步骤可能会延长时间和污染的可能性
qPCR	实时荧光定量 PCR,以 cDNA 为模板,以 dNTP 为底物,对扩增出的 DNA 进行定量分析	特异性和灵敏度高,操作简便,可定量分析	成本高,产物不可回收
RT-qPCR	实时荧光定量逆转录 PCR,是 qPCR+RT-PCR 的组合,将总 RNA 或 mRNA 逆转录成 cDNA 后再作为模板,以 dNTP 为底物,进行 qPCR 的定量分析	可与所有的 RNA 类型一起使用	RNA 容易降解,RT 步骤可能会延长时间和污染的可能性
dPCR	数字 PCR 即三代 PCR,是一种能够实现核酸绝对定量的精准检测技术	绝对定量,特异性和灵敏度更高	成本更高,操作复杂,费时

一、普通 PCR

普通 PCR 的反应过程类似于 DNA 的天然复制过程,这一过程依赖于与靶序列两端互补的寡核苷酸引物,由变性—退火—延伸三个基本反应步骤构成。

1. 模板 DNA 的变性

模板 DNA 经加热达到 95 ℃左右并保持一定时间后,模板 DNA 双链或经 PCR 扩增形成的双链 DNA 解离,成为单链,这样它可与引物结合,并为下一轮反应做好准备。

2. 退火(复性)

模板 DNA 经加热变性成单链后,温度降至 55 ℃左右,引物与模板 DNA 单链的互补序列配对结合。

3. 引物的延伸

将温度调至 72 ℃左右(DNA 聚合酶最适反应温度),DNA 模板与引物结合物在 TaqDNA 聚合酶的作用下,以 dNTP 为反应原料,靶序列为模板,按碱基互补配对与半保留复制原理合成一条新的与模板 DNA 链互补的半保留复制链。

重复循环变性→退火→延伸过程就可获得更多的"半保留复制链",而且这种新链又可成为下次循环的模板。每完成一个循环需 2~4 min,2~3 h 就能将目的基因扩增放大几百万倍。使用普通 PCR 仪扩增目的基因,通过琼脂糖凝胶电泳对产物进行定性分析。

二、qPCR

实时荧光定量 PCR,简称 qPCR,是在 PCR 扩增反应体系中加入荧光染料或者荧光基团,在整个 PCR 过程中收集荧光信号并实时监测每一个循环中扩增产物量的变化,最后通过标准曲线和 CT 值对待测样品进行定量分析的技术。

qPCR 与普通 PCR 一样,每经历一次扩增,模板 DNA 分子数量就增加一倍。所不同的是,qPCR 在反应体系中加入了荧光染料(或基团)。这样,新扩增的 DNA 分子中就含有荧光染料,并且随着 DNA 分子的扩增,荧光染料的量、荧光信号强度也递增。因此,可以利用荧光信号的强度来实时监控 PCR 体系中 DNA 的分子数。数据分析普遍采用 $2^{-\Delta\Delta Ct}$ 法,要求目标基因和参照基因的扩增效率都接近 100% 并且相互间效率偏差在 5% 以内。

qPCR 应用广泛,常用于基因表达情况测定、转基因检测、突变体基因鉴定、组织差异性表达、基因型分析、产物鉴定、病原菌检测、物种鉴定等。

三、RT-PCR

逆转录-聚合酶链反应,简称 RT-PCR,是将 RNA 的反转录(RT)和 cDNA 的聚合酶链式反应(PCR)相结合的技术。

RT-PCR 的基本原理是提取组织或细胞中的 RNA,以其中的 mRNA 作为模板,采用 Oligo(dT)或随机引物利用逆转录酶反转录成 cDNA,再以 cDNA 为模板进行 PCR 扩增,从而获得目的基因或检测基因表达。

RT-PCR 使 RNA 检测的灵敏性提高了几个数量级,使一些含量极为微量的 RNA 样品分析成为可能。该技术主要用于分析基因的转录产物、获取目的基因、合成 cDNA 探针、构建 RNA 高效转录系统。

四、RT-qPCR

实时荧光定量逆转录 PCR,简称 RT-qPCR,是 RT-PCR 和 qPCR 的组合,是结合了荧光定量技术的逆转录 PCR。

RT-qPCR 是以 mRNA 或总 RNA 为模板,先反转录得到 cDNA,再以 cDNA 为模板,通过荧光定量 PCR 进行定量检测分析的技术。RT-qPCR 定量分析 RNA 有一步法和两步法,两种方法都需要先将 RNA 反转录为 cDNA,然后将其作为 qPCR 扩增的模板,只是一步法中的 RT 和 qPCR 在同一试管中进行,两步法中的 RT 和 qPCR 是按顺序分开进行的。

五、dPCR

数字 PCR,简称 dPCR,即三代 PCR,是一种能够实现核酸绝对定量的精准检测技术,其基于泊松分布原理将核酸样品分配到大量独立、平行的微反应单元中,使每个反应室中平均只有一个拷贝或者没有目标 DNA 分子,然后加入荧光信号进行扩增,实现靶标核酸分子的绝对计数,提高检测的灵敏度和准确度。

第五节
蛋白质免疫印迹

蛋白质免疫印迹是一种常用分离和鉴定蛋白质的技术,可以对目的蛋白进行检测、分析以及定量。

一、实验原理

利用十二烷基硫酸钠(SDS)-聚丙烯酰胺凝胶(PAGE)电泳来分离指定样品中包含的各种蛋白质,然后将分离的蛋白质转移到硝酸纤维素的膜或 PVDF 膜上,接下来将膜与目标蛋白质的特异抗体一起孵育,再让其与酶或同位素标记的第二抗体起反应,最后经过底物显色,通过显影胶片或荧光扫描来检测结合的抗体。

由于抗体仅与目标蛋白质结合,一般只能看到一条清晰的条带,条带的粗细对应蛋白质的量。通过分析特定反应的位置和强度,可以获得目标蛋白在给定细胞或组织匀浆中的表达信息。

二、具体步骤

蛋白质免疫印迹的具体步骤包括样品制备、蛋白定量、SDS-PAGE 电泳、转膜、膜封闭、抗体孵育、显影或扫描、洗膜等步骤。

1. 样品制备

将细胞培养皿放到冰盒中,用预冷的磷酸缓冲盐溶液(PBS)洗 2 次,用细胞刮从培养皿中收集细胞,离心后去掉上清液进行沉淀,将沉淀后的细胞冷冻至−80 ℃低温保存或直接进行蛋白提取和定量。

2. 蛋白定量

样本加蛋白裂解液,混合均匀后用 1 mL 注射器来回抽吸破坏 DNA,在冰上静置 30 min,离心取上清进行蛋白浓度测定。一般使用 Bradford 法或 BSA 法测定 OD_{595} 值然后再换算成蛋白浓度。

3. SDS-PAGE 电泳

这是一种可以根据蛋白质的分子量分离样本中蛋白质的技术。

丙烯酰胺和双丙烯酰胺在催化剂四甲基乙二胺(TEMED)和过硫酸铵(APS)的作用下聚合交联形成具有三维网状结构的聚丙烯酰胺凝胶,可以此凝胶作为支持物进行电泳。PAGE具有电泳和分子筛的双重作用。SDS 是一种阴离子表面活性剂,能打断蛋白质的氢键和疏水键,并按照一定的比例和蛋白质分子结合成复合物,因每单位重量的蛋白质带电价一致,所以不同蛋白的泳动速率就只剩分子大小一项因素,因此在一定条件下电泳的速度与迁移速率呈线性关系。

(1)制备分离胶和浓缩胶

分离胶的目的是使分子量不同的蛋白质分离开,该过程仅与蛋白质的分子量有关。浓缩胶的目的是将需要分离的蛋白质混合物聚集在浓缩胶和分离胶的分界线上,使所有蛋白质分子位于同一"起跑线"上进行分离,避免由于上样过程导致蛋白质分散,浓缩过程与蛋白的分子量无关。

根据待检测蛋白分子量大小,按常规配方配制适合浓度的分离胶和浓缩胶。将制胶的玻璃板固定在制胶架上,先灌入分离胶,再加入水封胶。待胶凝固后,倒去上层的水,并用吸水纸吸干。然后灌入浓缩胶,随后立即插入梳子。待胶凝固后,缓慢地拔出梳子。

(2)上样

根据蛋白浓度计算样品体积,将经过计算的蛋白样品所需上样量与上样缓冲液按照计算后的比例混合,100 ℃水浴变性 5 min,冷却至室温上样。通常上样量 20 μL。蛋白标准品是已知分子量的预染蛋白,不需要经上样缓冲液处理,直接加入凝胶孔,通常上样量为 5 μL。

(3)电泳

安装电泳装置,把电泳液倒入装置中没过胶板,上样后开始电泳,电泳制胶上面是浓缩胶,下面部分是分离胶。电泳开始后,蛋白在浓缩胶部分时使用 20 mA 电流,电泳到分离胶后调整为 40 mA 电流,待溴酚蓝移动到底端,终止电泳。将蛋白胶条取出,并切去浓缩胶和分离胶底部的溴酚蓝胶条。

4. 转膜

将做好标记的 PVDF 膜在甲醇中浸泡 1 min,用蒸馏水洗去多余的甲醇。按照黑色板、海绵垫、3 层滤纸、分离胶、PVDF 膜、3 层滤纸、海绵垫、白色板的顺序夹好,放入转膜槽中,转膜槽再放到冰中预冷,转膜的电压和时间视蛋白质分子量大小而定。

PVDF 膜一边接正极(红色),凝胶一边接负极(黑色)。

5. 膜封闭

转膜后用 TBST 溶液洗膜 3 次,每次 5 min。配制 5%脱脂牛奶封闭液,将转膜后的 PVDF

膜放到封闭液中,在室温下置于摇床上封闭 1 h。

6. 抗体孵育

根据蛋白标准品裁剪 PVDF 膜,加入一抗稀释液,保持 4 ℃孵育过夜。用 TBST 溶液洗膜 3 次,每次 5 min。加入二抗稀释液,室温孵育 1 h。用 TBST 溶液洗膜 3 次,每次 5 min。

7. 显影或扫描

用 TBST 溶液洗膜 3 次,每次 5 min,洗膜期间配制发光液。将发光液加到 PVDF 膜上,避光反应 5 min,压片显影或直接扫描。

8. 洗膜

显影后,将膜放到洗膜液中,在 50 ℃下静置 20 min,用 TBST 洗 2 次,并在 4 ℃下保存,可反复使用 3 次以上。

三、常见条带问题

1. "微笑"条带

其原因主要是凝胶的中间部分凝固不均匀。处理方法是待其充分凝固后再进行后续实验。

2. "皱眉"条带

其原因主要出现在蛋白质垂直电泳中,一般是两板之间的底部间隙气泡未排除干净。处理方法是可在两板之间加入适量缓冲液,以排除气泡。

3. "拖尾"条带

其原因主要是样品溶解效果不佳或分离胶浓度过大。处理方法是加样前离心,重新配制电泳缓冲液,降低分离胶浓度。

4. "纹理"条带

其原因主要是样品中有不溶性颗粒,处理方法是加样前离心。

流式细胞术

流式细胞术是一种在功能水平上对单细胞或其他生物粒子进行定量分析和分选的技术,利用流式细胞仪可以高速分析上万个细胞,并能同时从一个细胞中测得多个参数。

其主要特点是通过快速测定光散射、光吸收和荧光来定量测定细胞 DNA 含量、细胞体积、蛋白质含量、酶活性、细胞膜受体和表面抗原等多个重要参数。与用传统的荧光显微镜检查相比,流式细胞术具有速度快、精度高、准确性好等优点,是当代最先进的细胞定量分析技术。

流式细胞术是利用流式细胞仪对细胞或生物粒子同时进行多参数、快速定量分析和分选的高新技术。下面是对流式细胞仪的基本结构、原理和使用的详细介绍。

一、流式细胞仪的基本结构

流式细胞仪主要由流动室和液流系统、激光源和光学系统、光电管和检测系统、计算机和分析系统等部分组成(图 9.1)。

图 9.1　流式细胞仪的外观图

1. 流动室和液流系统

流动室由样品管、鞘液管和喷嘴组成,常用光学玻璃、石英等透明、稳定的材料制作。单个细胞悬液在液流压力作用下从样品管射出;鞘液由鞘液管从四周流向喷孔,包围在样品外周后从喷嘴射出。由于鞘液的作用,被检测细胞被限制在液流的轴线上。

2. 激光源和光学系统

光源的选择主要根据被激发物质的激发光谱而定。常用的光源有弧光灯和激光器。汞灯是最常用的弧光灯,其发射光谱大部分集中于 $300 \sim 400$ nm,很适合需要用紫外光激发的场合。激光器以氩离子激光器最为普遍,氩离子激光器的发射光谱中,绿光 514 nm 和蓝光 488 nm 的谱线最强,约占总光强的 80%。因在免疫分析中常需要同时探测两种以上波长的荧光信号,采用二向色性反射镜,或二向色性分光器可有效地将各种荧光分开。

3. 光电管和检测系统

经荧光染色的细胞受合适的光激发后所产生的荧光是通过光电转换器转变成电信号进行测量的。光电倍增管最为常用,但从中输出的电信号仍然较弱,需要经过放大后才能输入分析仪器。

流式细胞仪中一般备有两类放大器。一类是线性放大器,适用于在较小范围内变化的信号以及代表生物学线性过程的信号。另一类是对数放大器,它的输出信号和输入信号之间呈常用对数关系。在免疫学测量中常使用对数放大器。因为在免疫分析时常要同时显示阴性、阳性和强阳性三个亚群,它们的荧光强度相差 $1 \sim 2$ 个数量级,而且在多色免疫荧光测量中,用对数放大器采集数据更易于解释。

4. 计算机和分析系统

经放大后的电信号被送往计算机分析器,分析出来的信号再经模-数转换器输往处理器后编辑成数据文件,这些文件会存贮于计算机的硬盘和软盘,或存贮于仪器内以备调用。计算机的存储容量较大,可存贮同一细胞的 $6 \sim 8$ 个参数。存贮于计算机内的数据可以在实测后脱机重现,重现时可进行数据处理和分析,最后给出结果。除上述四个主要部分外,还备有电源及压缩气体。

二、流式细胞仪的原理

流式细胞仪可同时进行多参数测量,信息主要来自特异性荧光信号及非荧光散射信号。在氮气压力下包在鞘液中的细胞一个接一个地由喷嘴喷出形成连续的液流,液流中的细胞在激光照射激发下,就向各个方向发出散射光和荧光,通过安装在各方向上的光敏元件就可得到细胞的成组参数(图 9.2)。

在流式细胞术非荧光信号测量中,常用到两种散射方向的散射光,即前向角散射光和侧向角散射光。前向角散射光提示细胞相对大小及其表面积,侧向角散射光提示细胞颗粒度及细胞内细胞器的相对复杂性。

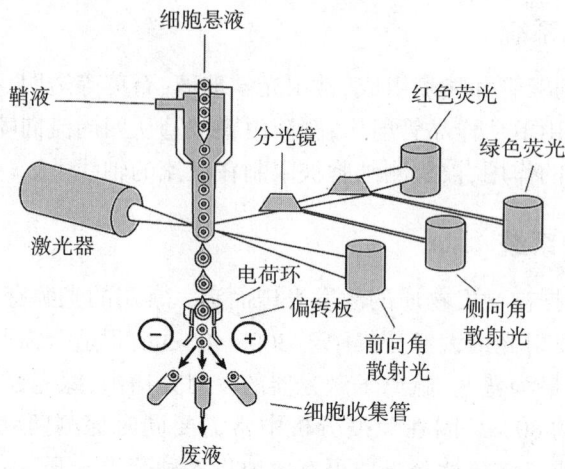

图 9.2 流式细胞仪的原理图

前向角散射光的强度与细胞的大小有关,对同种细胞群体随着细胞截面积的增大而增大;经实验表明对球形活细胞在小立体角范围内基本上和截面积大小呈线性关系;对于形状复杂具有取向性的细胞则可能差异很大。侧向角散射光的测量主要用来获取有关细胞内部精细结构的颗粒性质。侧向角散射光虽然也与细胞的形状和大小有关,但它对细胞膜、胞质、核膜的折射率更为敏感,也能对细胞质内较大颗粒给出灵敏反映。在实际使用中,仪器首先要对光散射信号进行测量。当光散射分析与荧光探针联合使用时,可分别鉴别出样品中被染色和未被染色细胞。散射光测量最有效的用途是从非均一的群体中鉴别出某些亚群。

荧光信号主要包括两部分:一是自发荧光,即不经荧光染色的细胞内部的荧光分子经光照射后所发出的荧光;另一个是特征荧光,即由细胞经染色结合的荧光染料受光照而发出的荧光,其荧光强度较弱,波长也与照射激光不同。

自发荧光信号为噪声信号,在多数情况下会干扰对特异荧光信号的分辨和测量。在免疫细胞化学测量中,对于结合水平不高的荧光抗体来说,如何提高信噪比是个关键。一般说来,细胞成分中能够产生的自发荧光的分子(如核黄素、细胞色素等)的含量越高,自发荧光越强,培养细胞中死细胞与活细胞的比例越高,自发荧光越强。

三、流式细胞仪的使用

1. 对细胞样本的要求

对细胞样本最基本的要求是把细胞样本制成单细胞悬液。悬液中要求不能有团块,不能有过多的碎片,细胞的密度为每毫升 $0.5 \times 10^6 \sim 1.5 \times 10^6$ 个,过高或过低的密度都不适于测量。

2. DNA 含量测定

DNA 含量的测定对于细胞增殖、细胞动力学、肿瘤学及药物实验的研究都有重要意义。

细胞内的 DNA 含量随细胞周期进程发生周期性变化,如 G0/G1 期细胞的 DNA 含量为 2N,而 G2/M 期细胞的 DNA 含量是 4N,S 期细胞的 DNA 含量介于 2N 和 4N 之间。目前常利用碘化丙啶(PI)标记核内 DNA,通过流式细胞仪对细胞内 DNA 的相对含量进行测定,可分析细胞周期中各时期的细胞百分比(图 9.3)。

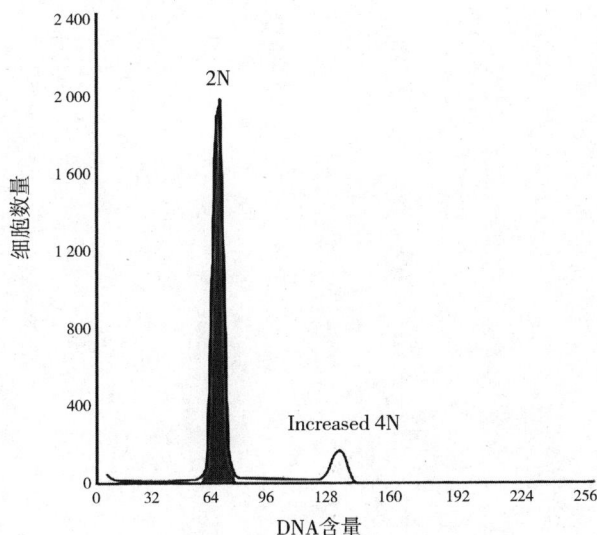

图 9.3　利用流式细胞仪分析 DNA 含量

3. 多参数测量

在测量细胞成分时,需要对细胞进行单染色或多重染色,进行单色荧光的测量为单参数测量,两种或以上荧光染料标记过的多重染色需要进行多参数测量。

可用两种染料显示细胞的不同成分,也可用一种染料显示细胞的两种不同成分。用单克隆抗体结合不同荧光染料,再通过抗原抗体反应将不同的颜色结合到免疫细胞上就形成免疫荧光的多参数测量。值得注意的是,在进行细胞多重染色时,往往会发生两种或三种荧光染料的光谱互相重叠的现象而影响多参数测量的准确性,此时需要用阳性对照来校正或凭经验校准。

第十章
细胞生物学实验设计

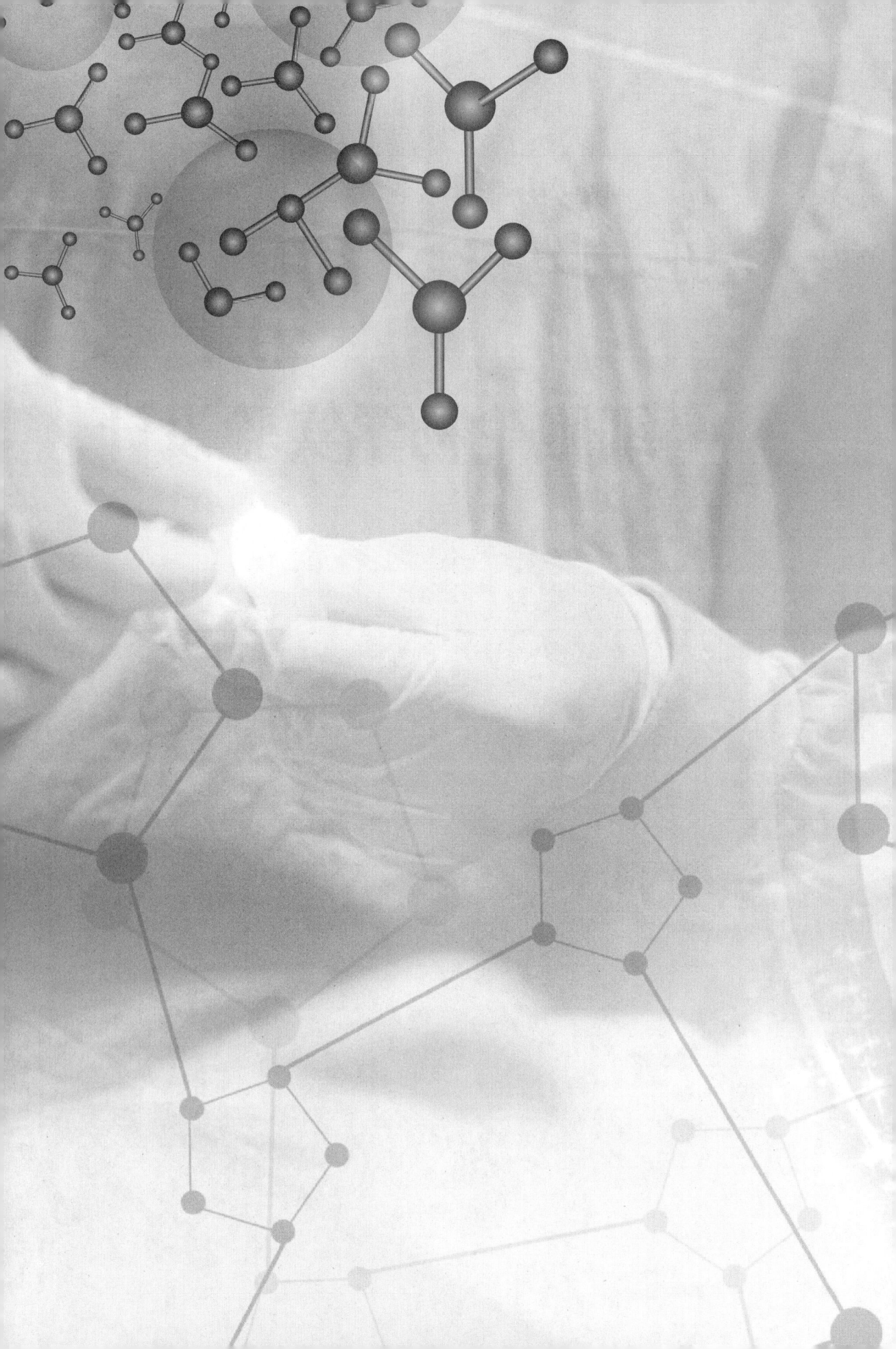

实验 1

普通光学显微镜下细胞形态的观察

【实验目的】

1. 熟悉普通光学显微镜的主要结构、基本性能和使用方法。
2. 观察不同种类细胞的形态、大小、结构、组成及特点。
3. 理解细胞的形态结构与功能的关系。

【实验原理】

利用光学显微镜的放大成像作用可分辨出不同类型细胞的形态和大小,进而可在镜下对细胞的形态和结构进行观察并绘图。

【实验仪器】

普通光学显微镜。

【实验材料】

神经细胞、小肠上皮细胞、肝细胞和血细胞的样本片。

【实验内容】

1. 熟悉普通光学显微镜的使用和操作规范。
2. 观察不同种类的细胞形态和结构。
(1)神经细胞
在普通光学显微镜低倍镜下(4×)观察神经细胞的胞体、轴突和树突结构。
(2)小肠上皮细胞
先在普通光学显微镜低倍镜下(10×)观察细胞形态,再用高倍镜(20×)和(40×)仔细观察小肠上皮绒毛结构。
(3)肝细胞
先在普通光学显微镜低倍镜下(10×)观察细胞形态,再用高倍镜(20×)和(40×)仔细观察肝中心静脉和肝细胞结构。
(4)血细胞
先在普通光学显微镜低倍镜下(10×)观察红细胞,再用高倍镜(20×)和(40×)仔细观察不同种类血细胞的组成、形态和大小,识别各种血细胞。

【实验作业】

1. 在显微镜下对所观察细胞的形态和结构进行绘图,或者通过显微镜目镜进行拍照,在照片上标注细胞结构,注意标明放大倍数。

2. 比较和分析不同类型的血细胞的形态及特点,并说明其功能。

3. 神经细胞、小肠上皮细胞和肝细胞分别有何特点?功能如何?

4. 说明白细胞的种类和分辨各种白细胞的方法。

5. 指出图 10.1 中 1～17 所标记的细胞分别是哪种血细胞。

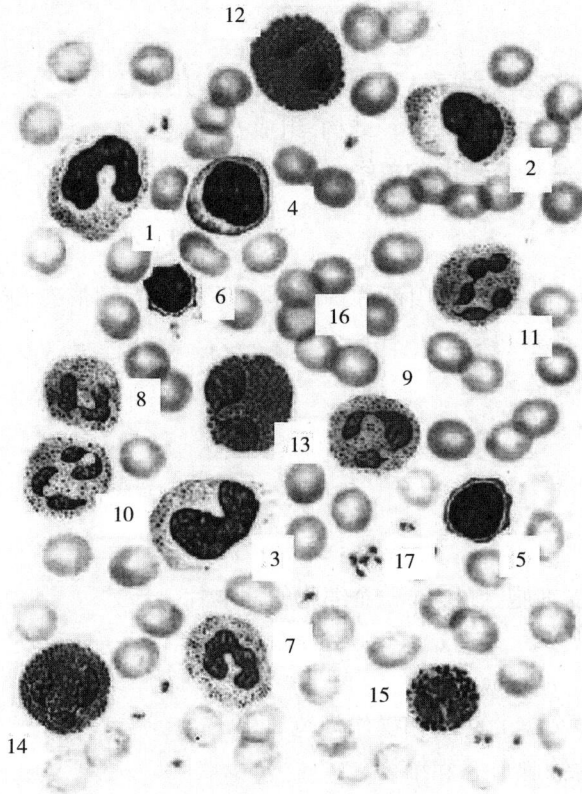

图 10.1　普通光学显微镜下血细胞的染色鉴别

实验 2

细胞活性的测定

【实验目的】

1. 掌握利用台盼蓝排斥试验法来检测细胞活性。
2. 学会利用细胞计数板进行细胞计数。

【实验原理】

紫外线辐照细胞会造成细胞 DNA 损伤,引起细胞死亡,此时采用台盼蓝排斥试验法来评估细胞活性,这是一种简单而常用的细胞活性检测方法。

台盼蓝排斥试验法是利用正常活细胞对台盼蓝具有排斥能力来实现的。当细胞膜的完整性受到破坏时染料会被吸入细胞,活细胞由于没有染料进入而显得透明且细胞周围有折射环,但没有活性的死细胞则被染成深蓝色且周围没有折射环。

【实验仪器】

普通光学显微镜。

【实验材料和试剂】

血管内皮细胞、细胞计数板、计数器、盖玻片、擦拭纸、70%乙醇、PBS 缓冲液、擦镜纸、黄色枪头、移液枪、Eppendorf 管、0.4%台盼蓝溶液。

【实验内容】

1. 用紫外线辐照处理细胞,进行台盼蓝排斥操作。
2. 利用细胞计数板进行细胞计数,计算细胞存活率。

【实验步骤】

本实验分对照组和实验组,对照组不接受紫外线辐照,实验组接受紫外线辐照,其他步骤均相同:

1. 用紫外线辐照实验组细胞 1 min,24 h 后收集细胞,使细胞悬浮于 PBS 溶液中,确保细胞的悬浮处理充分,以免细胞团聚使细胞计数不准。

2. 从细胞悬浮液 50 μL 中取 10 μL,再与 10 μL 台盼蓝溶液充分混匀放置 1~2 min。

3. 分别在两组混合液中抽取 10 μL 加到细胞计数板计数区的上方区和下方区。

4. 将细胞计数板放置到光学显微镜下,在低倍镜下(10×)进行细胞计数。

5. 计算细胞存活率:细胞存活率=活细胞数/总细胞数×100%。

注意:总细胞数是活细胞数与死细胞数之和,一般不少于 100 个。

【实验结果】

1. 记录两组细胞计数结果。

2. 计算出细胞存活率,取 2 次细胞计数的平均值。

注意:用柱状图的形式显示实验结果。

【实验讨论】

1. 细胞毒性表现的特征有哪些?

2. 影响台盼蓝排斥试验法测定细胞存活率的因素有哪些?

3. 细胞计数区内细胞的数量为多少最适宜? 如果显微镜下观察到的细胞太多怎么办?

【注意事项】

1. 细胞悬浮液与台盼蓝溶液一定要混匀,抽取的混合液要垂直滴加到细胞计数板上,不要用力将液体打入计数区。

2. 台盼蓝染色时间不宜过长,否则对活细胞也有毒性,导致死亡细胞数目增加,出现假阴性。

3. 最好用 PBS 缓冲液制备细胞悬浮液,因为台盼蓝与血清蛋白的亲和力比与细胞蛋白的亲和力高。

实验 3

微丝和细胞核的染色观察

【实验目的】

1. 了解细胞骨架的基本结构和微丝染色原理。

2. 学会在荧光显微镜下观察细胞骨架的微丝和细胞核。

【实验原理】

鬼笔环肽(Phalloidin)同聚合的微丝结合后会抑制微丝的解体,破坏微丝的聚合和解聚的动态平衡,从而使微丝的肌动蛋白丝保持稳定状态。用荧光标记的鬼笔环肽染色可以清晰地显示细胞中微丝的分布。

DAPI 是一种荧光染料,是含有特定 AT 序列 DNA 的一种嵌入剂,它可以穿透细胞膜结合在 DNA 双螺旋的小沟区而发挥标记 DNA 的作用,在显微镜下细胞核呈蓝色,细胞标记的效率高(几乎为 100%),且对活细胞无毒副作用。因为 DAPI 可以透过完整的细胞膜,它还可以用于活细胞和固定细胞的染色。

【实验仪器】

荧光显微镜或荧光共聚焦扫描显微镜。

【实验材料和试剂】

HUVEC 细胞、尖镊子、载玻片、盖玻片、吸水纸、黄色/蓝色枪头、移液枪、Eppendorf 管、试管架、PBS 缓冲液、固定液(2%甲醛)、破膜液(0.1% Triton X-100 in PBS)、封闭液(1% BSA in TPBS)、鬼笔环肽、DAPI 染色剂 (0.25 μg/mL)、抗淬灭剂、指甲油。

【实验内容】

1. 微丝和细胞核双染色。

2. 细胞核单染色。

【实验步骤】

1. 微丝和细胞核双染色

(1)将铺有 HUVEC 细胞的盖玻片在 35 mm 盘中过夜培养至密度约为 70%。

(2)用 1 mL PBS 洗 3 次,每次 5 min。

（3）加入 1 mL 2％甲醛,固定 10 min。

（4）用 1 mL PBS 洗 3 次,每次 5 min。

（5）加入 1 mL 0.1% Triton X-100,等待 7 min。

（6）用 1 mL PBS 洗 3 次,每次 5 min。

（7）加入 1 mL 1% BSA,封闭 30 min。

（8）用 1 mL PBS 洗 3 次,每次 5 min。

（9）加入适量的鬼笔环肽,室温放置 30 min。

（10）加入 DAPI 染色剂和抗淬灭剂,用指甲油封片(把盖玻片反扣在载玻片上)。

（11）荧光显微镜下观察细胞骨架微丝结构(红色)和细胞核(蓝色)。

2. 细胞核单染色

（1）将盖玻片用 100％乙醇消毒,在火焰上灭菌,放到 35 mm 盘中。

（2）培养单层 HUVEC 细胞,使细胞长在盖玻片上,达到 70％汇合度。

（3）吸弃细胞培养液,用 1 mL PBS 洗 2 次。

（4）破膜加 1 mL 0.1% Triton X-100 in PBS 穿孔 7 min,1 mL PBS 洗 2 次。

（5）滴加 1 mL DAPI 染色剂到载玻片的中心位置上。

（6）用尖镊子取出盖玻片,把盖玻片反扣在载玻片上。

（7）在荧光显微镜下观察细胞核(蓝色)。

【实验结果】

1. 记录细胞骨架微丝和细胞核双染色结果。

2. 记录细胞核单染色结果。

【实验讨论】

1. 如果实验中出现染色不强或非特异的染色,试分析其中原因,并提出解决办法。

2. 哪些因素会影响微丝的聚合？微丝的作用有哪些？

3. 如果同时进行微丝染色和微管染色,分别用什么试剂？其原理是什么？

【注意事项】

1. 培养皿倾斜 60°,靠近内壁加入 PBS 缓冲液或破膜液时,直接加入或用力过大都会造成细胞的脱落。

2. 在盖玻片上滴加 DAPI 染色剂时要缓慢,避免冲走细胞。

3. 用尖镊子取出盖玻片时一定要小心,不要太用力,耐心地夹住,否则盖玻片会碎裂,导致实验不能顺利进行。

4. 封片时注意有细胞的一面向下扣在载玻片上,要一次成功,反复多次会影响细胞正常形态。

5. 指甲油封片时,把盖玻片上及周围的液体用吸水纸吸掉后再封片。

实验 4

利用流式细胞术测定细胞周期的变化

【实验目的】

1. 了解流式细胞仪的基本结构。
2. 掌握细胞周期的测定原理。
3. 学会利用流式细胞仪进行细胞周期的检测。

【实验原理】

碘化丙啶(Propidium iodide, PI)是一种荧光染料,它和双链 DNA 结合后可以产生荧光,并且荧光强度和双链 DNA 的含量成正比。细胞内的 DNA 被碘化丙啶染色后,可以用流式细胞仪对细胞进行 DNA 含量测定,然后再根据 DNA 含量的分布情况,进行细胞周期的测定和分析。

【实验仪器】

流式细胞仪、离心机。

【实验材料和试剂】

HUVEC 细胞、蓝色枪头、移液枪、15 mL 离心管、Falcon 管、300 目尼龙网、试管架、胶头滴管、玻璃细头吸管、PBS 缓冲液、PI 染色剂、RNA 酶。

【实验内容】

1. 流式细胞仪的使用方法。
2. 细胞周期的测定和分析。

【实验步骤】

1. 离心收集细胞,用预冷 70% 乙醇固定,放置于 -20 ℃ 环境下过夜保存。
2. 以 2 000 r/min 的速度离心 5 min 获得细胞沉淀,去除固定液乙醇。
3. 加入 4 mL PBS 洗细胞,以 2 000 r/min 的速度离心 5 min 去上清。
4. 再以 1 000 r/min 的速度离心 2 min 去上清。
5. 加 1 mL PBS 含 PI (50 μg/mL)或者含 RNA 酶 (100 μg/mL)的染色剂,重悬混匀细胞。
6. 室温下避光反应 30 min,用 300 目尼龙网过滤细胞悬浮液至 Falcon 管中。

7. 利用流式细胞仪测定细胞周期各时期细胞所占百分比。

【实验结果】

1. 制作细胞周期测定直方图。
2. 分析细胞周期各时期的细胞百分比。

【实验讨论】

1. 正常细胞和肿瘤细胞的细胞核内 DNA 分布有何不同?
2. 随培养时间的延长,细胞周期各时期的细胞百分比有何变化?

【注意事项】

1. 在细胞固定时一定要将细胞吹开,形成单细胞悬液,必须保证被检测样品为单细胞悬液。

2. 细胞浓度一定要不小于每毫升 1×10^6 个,特别是阴性对照管的细胞量一定要多一些,避免调节电压时使用过多。

3. 含 PI/RNA 酶染色剂的洗液应该用 PBS 配制,不能用蒸馏水配,否则细胞会全部溶解,造成结果不可靠。

4. 多次离心会减少细胞数量,所以尽量减少离心次数。注意每次离心后吸弃上清时,不要吸走管底沉淀。

实验 5

利用细胞划痕实验法测定细胞迁移能力

【实验目的】

1. 了解细胞的结构共性和功能共性。
2. 掌握测定细胞运动能力的原理和方法。

【实验原理】

细胞划痕实验法是最早在体外研究细胞迁移的方法。在细胞单层中创建一个损伤,在损伤愈合过程中观察细胞迁移情况,即在不同时间点根据损伤愈合的距离来判断细胞的迁移能力。此方法可以模拟体内细胞迁移,简便易行,费用低。

【实验仪器】

普通光学显微镜。

【实验材料和试剂】

HUVEC 细胞、黄色和蓝色枪头、移液枪、直尺、标记笔、PBS 缓冲液、完全 RPMI1640 培养基。

【实验内容】

1. 观察细胞损伤在不同时间点的形态变化和迁移距离。
2. 细胞迁移能力的测定和分析。

【实验步骤】

1. 在 35 mm 培养皿中培养 HUVEC 细胞,使汇合度达到 100%。
2. 进行划线处理。先在培养皿边上做好标记,用黄色枪头进行划线,横线和竖线各 2 条。
3. 吸走培养液。用 1 mL PBS 洗 1 次,再加入 1.5 mL 完全 RPMI1640 培养基,放回到细胞培养箱中,继续培养到指定时间(如 24 h)。
4. 划线 0 h 和 24 h 后选取相同视野 3 处,在显微镜下观察并拍照。
5. 整理数据,测量出 0 h 和 24 h 的细胞损伤宽度,分别算出平均值。
6. 如图 10.2 所示,进行划线、照相、观察和测量细胞迁移距离进行细胞迁移率的计算。

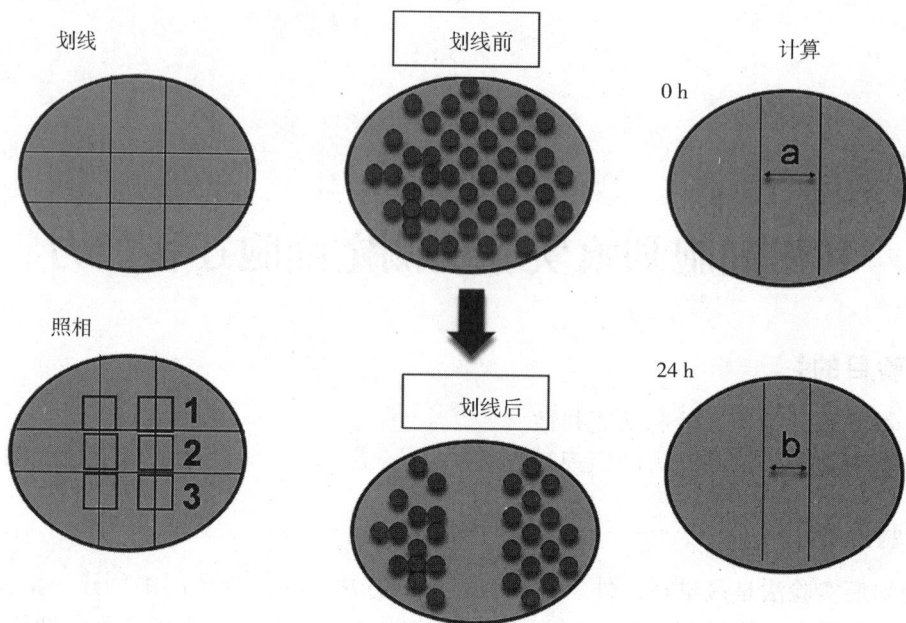

图 10.2　细胞划痕实验示意图

【实验结果】

1. 记录 0 h 和 24 h 时间点划线处细胞的情况,各拍 3 张图片。
2. 记录和计算细胞损伤愈合过程中各项参数,计入表格中(表 10.1)。

表 10.1　细胞划痕实验结果

	1组	2组	3组
损伤宽度(cm):a(0 h)			
损伤宽度(cm):b(24 h)			
迁移距离(cm):$a-b$			
迁移程度:$\dfrac{a-b}{a}\times100\%$			
平均迁移率:平均值±标准差			

【实验讨论】

1. 细胞为何要培养到汇合度 100% 再开始实验?
2. 划线处理时怎样保证创伤宽度正合适?
3. 划线处理后为什么要进行 PBS 润洗?
4. 对于损伤愈合程度的影响因素有哪些?
5. 细胞增殖和细胞游走有何关系?

【注意事项】

1. 为防止污染,操作过程要在无菌条件下完成。

2. 使用黄色枪头划线时要掌握好力度,如线过粗则在显微镜视野内看不见,如线过细则看不到细胞游走过程。

3. 在不同时间点照相时,要选择同一个位置,因此在培养皿边缘一定要做好标记。

参考文献

［1］丁明孝,王喜忠,张传茂,等.细胞生物学［M］.5 版.北京：高等教育出版社,2020.

［2］季静,王罡.生命科学与生物技术［M］.2 版.北京：科学出版社,2010.

［3］J. S. 博尼费斯农,M. 达索,J. B. 哈特佛德,等.精编细胞生物学实验指南［M］.章静波,等译.北京：科学出版社,2007.

［4］刘长征,余佳. micro RNA 鉴定与功能分析技术［M］.北京：化学工业出版社,2012.

［5］R. E. 法雷尔.RNA 分离与鉴定实验指南:RNA 研究方法［M］.3 版.金由辛,刘建华,金言,等译.北京：化学工业出版社,2008.

［6］史蒂夫·拉塞尔,莉萨·梅多斯,罗斯林·拉塞尔.生物芯片技术与实践［M］.肖华胜,张春秀,武雪梅,等译.北京：科学出版社,2010.

［7］托尔夫波.生物衰老:研究方法与实验方案［M］.王钊,于皓月,王卓然,译.北京：科学出版社,2012.

［8］徐丹.细胞生物学实验讲义［M］.大连：大连海事大学出版社,2014.

［9］印莉萍,祁晓廷,李鹏.细胞分子生物学技术教程［M］.3 版.北京：科学出版社,2009.

［10］CHANDAR N, VISELLI S. 图解细胞与分子生物学［M］.刘佳,译.北京：科学出版社,2011.

［11］KARP G. Cell and molecular biology:concepts and experiments［M］.3rd ed. New York：John Wiley and Sons, 2002.

［12］LETTRE G, HENGARTNER M O. Developmental apoptosis in C. elegans：a complex CED-nario［J］. Nat Rev Mol Cell Biol, 2006, 7(2):97-108.

［13］WANF Y, GUO Y B, Lu Y Y, et al. Endosulfan promoted cell migration and invasion in human prostate cancer cells via KCNQ1OT1/miR-137-3p/PTPT4A3 axis［J］. Sci Total Environ, 2022, 845：157252.

［14］XU D, GUO Y B, LIU T, et al. miR-22 contributes to endosulfan-induced endothelial dysfunction by targeting SRF in HUVECs［J］. Toxicology Letters, 2017, 269：33-40.

［15］XU D, LIANG D, GUO Y B, et al. Endosulfan causes the alterations of DNA damage response through ATM-p53 signaling pathway in human leukemia cells［J］. Environ Pollute, 2018, 1048-1055.

［16］XU D, TAKESHITA F, HINO Y, et al. miR-22 represses cancer progression by inducing cellular senescence［J］. Journal of Cell Biology, 2011, 193(2):409-24.